JN014251

Kotlin サーバーサイドプログラミング実践開発

竹端尚人［著］

技術評論社

はじめに

Kotlinは、サーバーサイド開発のプログラミング言語の選択肢として、注目されているものの一つです。もともとAndroid開発の言語としては（特にGoogle I/OでAndroidアプリの公式な開発言語とされた2017年以降は）広く使われている言語ですが、サーバーサイド開発で採用しているプロダクトも最近は増えてきました。

正式版のリリースが2016年と比較的新しいこともあり、とてもモダンな仕様のプログラミング言語になっています。またJavaとの相互互換という特徴があり、世の中にすでに多くあるJavaの資産を活用することもでき、モダンかつ資産も豊富にあるという素晴らしい言語です。

しかし、その特徴ゆえ「Javaがわかる人じゃないと難しいんじゃないか」と思われてしまうことも多いです。また、増えてきているとはいえまだまだ国内では事例が多くはなく、実践で使った経験のあるエンジニアもなかなかいないため、「使ってみたいとは思っているが迷っている」という話を聞くこともよくあります。

本書はそういった不安を取り除き、サーバーサイドKotlin導入を後押しすることができればと思い執筆しています。Javaについてはフレームワークやライブラリは使っていますが、Javaのコードは（相互互換について解説をする第3章を除いて）一切出てきません。Spring BootをはじめとするJavaのフレームワークも、あくまでも「Kotlinでサーバーサイドアプリケーションを開発するためのもの」として、基本的にJavaを意識せずに解説しています。

また、タイトルにもあるように「実践開発」をテーマとして、第2部では実プロダクトを意識した設計でアプリケーションの開発をしています。そのため実際に業務での開発でKotlinを導入する際にも、参考にしていただける内容になっています。

筆者は関わっていたモバイルゲーム開発のプロジェクトで初めてサーバーサイドKotlinを使い、1からのプロダクト開発とリリース、運用を経験しました。その上で多くの恩恵を受け、やはり素晴らしい言語だと思っています。この良さが少しでも多くの方に伝わり、世の中にサーバーサイドKotlinで開発されたプロダクトが増えていく一助になればと、強く願っております。

対象読者

本書の対象読者は、サーバーサイドアプリケーションの開発の経験がある方で、Kotlinを使用してのサーバーサイド開発に興味がある方を想定しています。そのため実践的なアプリケーションの形でコードを書いたり、認証・認可といった実際のプロダクトで使う機能の実装など、実際にプロダクトの開発で導入する際に役立てられる内容になっています。特にKotlinと同じオブジェクト指向言語（Java、C#など）の経験や、PHPなどの言語でもクラスやインターフェースといったオブジェクト指向の機能を使った開発の経験がある方は、より理解がしやすいと思います。

逆に基礎的な部分は内容が少し薄めになっています。本書の第1章で基本文法についても解説していますが、ある程度プログラミングやオブジェクト指向の基礎的な部分は知っている前提で、最低限の書き方の説明しか行っていません。そのため、プログラミング初心者の方には難しい内容かもしれません。

動作確認環境

本書のプログラムは、主に以下の実行環境を使用して動作確認をしています。

表1

OS	macOS Big Sur (11.2.1)
Kotlin	1.4.30
JDK	corretto-11 (11.0.10)
IntelliJ IDEA	Community Edition 2020.3.2
Spring Boot	2.4.3

サンプルプログラムの利用方法

本書のサンプルプログラムは、以下の筆者のGitHubにて公開しています。

https://github.com/n-takehata/kotlin-server-side-programming-practice

こちらのリポジトリをローカル環境にCloneし、使用していただけます。各ディレクトリに配置されているプログラムの内容は、以下のようになります。

- **part1 —— 第1部**
  - chapter01 —— 第1章
  - chapter02 —— 第2章
  - chapter03 —— 第3章

- **part2 —— 第2部**
  - chapter04 —— 第4章
  - chapter05 —— 第5章
  - book-manager —— 第6～8章
  - front —— 第6～7章で使用するフロントエンドのコード（本書未掲載）
- **part3 —— 第3部**
  - chapter09 —— 第9章
  - chapter10 —— 第10章
  - chapter11 —— 第11章
  - chapter12 —— 第12章

第1部～第3部でそれぞれpart1～part3のディレクトリに分けられ、その中で各章のプログラムが入ったディレクトリをchapterXXという名前で配置しています。

第6～8章に関しては特殊で、同じアプリケーションを3章に渡って開発していくため、book-managerというアプリケーションのプロジェクトになっています。また、本書内でコードは掲載していませんが、frontディレクトリの配下にフロントエンドと疎通しての動作確認用のサンプルプログラムが用意されています。

実行方法については、各章のプログラムのmain関数を書き換えての実行（第1章で解説）などが主になってきますが、章やプログラムの内容によって変わってきます。詳しくは各ディレクトリのREADMEに記載されているので、そちらを参照してください。

また、part2/front配下のフロントエンドのプログラムの実行方法に関しては、第6章の中でも解説しています。

正誤情報

本書の正誤情報は、以下の本書サポートページをご参照ください。

https://gihyo.jp/book/2021/978-4-297-11859-4

目次

第2部 Kotlinでのサーバーサイド開発 95

第 1 部

Kotlin入門

Kotlinをお勧めする理由

この章では、Kotlinの基礎について説明します。言語の生い立ちやサーバーサイドでの利用意義、特徴的な機能や基本的な構文など、まずはKotlinという言語そのものについて知っていただければと思います。

1　なぜKotlinが誕生したのか？

Kotlinは、IntelliJ IDEAなどのIDE（Integrated Development Environment、統合開発環境）で有名なJetBrains社が開発したプログラミング言語です。正式版の1.0リリースが2016年2月と比較的新しい言語になります。

JVM上で動く、いわゆるJVM言語[注1]の一種です。JetBrains社のKotlin開発メンバーが執筆している書籍『Kotlinイン・アクション』[注2]でも紹介されているのですが、もともとはJetBrains社のJavaで開発をしているチームが、C#で開発をしている.NETチームをうらやましく思い、Javaに代わるモダンな言語として開発したという話があります。そのためJavaと比較してシンプルな構文になっていたり、関数型やコルーチンなど最近の言語でよく見られる機能もしっかりと入っていて、開発効率やシステムの品質担保の面でも非常に優れたものになっています。

また、JetBrains社はIntelliJ IDEAをはじめとするIDEをJavaで開発しており、多くのJavaの資産を抱えています。そのため、その資産を失うことは生産性の低下につながると考え、Javaとの相互運用ができることを前提条件としました。そのためKotlinはJavaとの相互互換となっており、もともとJavaを使用しているプロジェクトでは、特に利用価値の高い言語になっています。

注1　他のJVM言語として、Scala、Groovyなどがあります。

注2　Dmitry Jemerov、Svetlana Isakova著、長澤太郎、藤原聖、山本純平、yy_yank監訳、マイナビ出版、2017年

2 Kotlinでなにを作れるのか?~サーバーサイドでの利用意義

様々なプラットフォームで使用できるKotlin

Kotlinの利用シーンとして、最も有名なのはAndroidアプリの開発だと思います。2017年に行われたGoogle I/OでAndroidの公式の開発言語としてサポートすることをGoogleが発表しました。さらに2年後のGoogle I/O 2019では推奨言語として、Kotlinファーストを強めていくということが発表され、今後も一般的に使われていくと思われます。

また、iOSやMac、Windowsのアプリへのネイティブバイナリを生成できるKotlin/Native[注3]や、JavaScriptのコードを生成できるKotlin/JS[注4]などを使い、Kotlinのコードから様々なプラットフォームで実行するプログラムを作れます。JetBrains社のIntelliJ IDEAでは、これらのマルチプラットフォームのコードを作るための、Kotlin Multiplatform Project[注5](通称Kotlin MPP)というプロジェクト構成も用意されています。

その中で、Androidでの開発と並び一般的な使いどころとして挙げられるのが、サーバーサイド開発です。

サーバーサイドでの利用意義

前述の書籍『Kotlinイン・アクション』でも、

> Kotlinを使う最も一般的な場面は、次の2つでしょう。
>
> ・サーバーサイドの実装(通常はWebアプリケーションのバックエンド)
> ・Androidデバイス上で動くモバイルアプリケーションの実装
>
> 『Kotlin イン・アクション』より

と書かれており、サーバーサイド開発での利用がベターな方法の一つであることがわかります。

その理由として、まずJavaやC#をはじめとする、静的型付け言語のメリットがそのままKotlinにも当てはまります。例えば次のようなものがあります。

- インタプリタ型の言語に比べ高いパフォーマンス
- 大人数、大規模の開発や長期運用でも保守性の高い設計をしやすい言語仕様

注3 https://kotlinlang.org/docs/native-overview.html
注4 https://kotlinlang.org/docs/js-overview.html
注5 https://kotlinlang.org/docs/multiplatform.html

こうしたメリットのある言語の中でも、比較的新しくモダンな構文や機能が用意されており、開発効率も高い言語と言えます。また、後述するNull安全な言語仕様もあり、システムの品質や保守性の面でも高めることができます。

さらに、Javaとの相互互換があることは前述しましたが、Javaの最もメジャーなフレームワークであるSpring FrameworkがKotlinをサポートしていることも挙げられます。新しい言語を使う際、どうしてもフレームワークやその周辺のエコシステムは発展途上で、迷ってしまうことも多いです。そんな中でSpring Frameworkという実績あるフレームワークが選択肢として存在するのはとても大きいことです。もちろんKotlin製のフレームワークも開発されており、今後そちらも発展してさらに質の高い開発ができるようになっていくことへの期待も大きいです。

3 コードの安全性を高めるKotlinの型とNull非許容／許容

KotlinのNull安全とは?

前述しましたが、Kotlinの言語仕様の大きな特徴の一つとして、**Null安全**が挙げられます。Kotlinの機能として大きなメリットになる部分ですので、先に紹介します。**リスト1.3.1**を見てください。

リスト1.3.1

```
val str1: String = null  // Null非許容、コンパイルエラーになる
val str2: String? = null // Null許容
```

Kotlinでは変数を宣言する際、型（この場合は`String`）に何も付けずに宣言するとNull非許容になり、Nullを入れるとコンパイルエラーになります。?を付けることで変数にNullを入れることができるようになります。

このように型を宣言する段階でNull非許容／許容を明示し、誤った箇所でNullを入れようとするとコンパイルの時点で防いでくれるため、NullPointerExceptionの発生を未然に防ぐことができます。また、型のデフォルトがNull非許容ということにもなるので、通常はNull非許容とし、必要になった箇所だけNull許容にすると意識でき、不要なNullの扱いを減らすこともできます。

そして、Null許容の型の変数にもさらに安全性を保つ仕様があります。Null許容にした場合、そのオブジェクトの関数等に対して、ただアクセスするとコンパイルエラーになります。**リスト1.3.2**の例では、引数でNull許容のString型である`message`という引数を受け取り、`length`にアクセスしようとしていますが、Nullが入っていないことを保証されていないためコンパイルエラーになります。

リスト1.3.2

```
fun printMessageLength(message: String?) {
    println(message.length) // コンパイルエラー
}
```

対処法はいくつかあるのですが、一番わかりやすいものはNullチェックのif文を入れることです。**リスト1.3.3**の例ではif文でmessageがNullだった場合はreturnし、値が入っている場合のみmessage.lengthを実行しています。こうして事前にNullチェックをすることにより、変数にNullが入っていないことが保証されることで初めてアクセスできるため、基本的にはコンパイルの時点でNullPointerExceptionを防げます。

リスト1.3.3

```
fun printMessageLength2(message: String?) {
    if (message == null) {
        return
    }
    // 上の処理でNullでないことが保証されているので実行できる
    println(message.length)
}
```

また、エルビス演算子を使うことでも実装できます。**リスト1.3.4**のように、messageの後ろに?:でつなぎ処理を記述すると、messageがnullだった場合にその処理が実行されます。

リスト1.3.4

```
fun printMessageLength3(message: String?) {
    message ?: return
    println(message.length)
}
```

この?:をエルビス演算子といい、ある値がnullだった場合のみ実行する処理を書く場合にシンプルに記述することができます。

引数のNull許容、非許容の不整合を防ぐ

また、例えば同じString型でも、?が付いていないNull非許容のStringはString?のサブタイプとして扱われます。そのため、String型をString?型の引数に渡すことはできますが、String?型をString型の引数に渡すことはできません。これらの型は関数の引数や戻り値の型としても使うことができ、引数や関数の実行結果の受け渡しでもNull許容、非許容の設定の不整合を防ぐことができます。**リスト1.3.5**のコードを見てください。

リスト1.3.5

```
fun execute(userId: Int?) {
    createUser(userId) // コンパイルエラー
}

private fun createUser(userId: Int) {
    // 省略
}
```

関数executeの引数userIdはNull許容です。そして処理の中で関数createUserに引数のuserIdをそのまま渡して実行しています。しかし、createUserの引数userIdはNull非許容のためエラーになります。そのため書いた時点で不具合に気付き、仕様に応じて**リスト1.3.6**のようにNullチェックを入れる、もしくは**リスト1.3.7**のようにexecute関数の引数のuserIdもNull非許容にする等の対応を入れることができます。

リスト1.3.6

```
fun execute(userId: Int?) {
    if (userId != null) {
        createUser(userId)
    }
}
```

リスト1.3.7

```
fun execute(userId: Int) {
    createUser(userId)
}
```

このようにKotlinでは、型レベルでNull非許容／許容を明示し、コンパイルでチェックしてくれるため、引数で値を渡す際のNull非許容／許容の不整合も実装時に防ぎ、安全に保てます。それにより不具合を減らすことはもちろん、テスト工数の軽減や、エンジニアが実装やレビュー時にNullの扱いを強く意識しなくてよくなるため、開発効率の向上にもつながります。

安全呼び出し、強制アンラップでNullチェックなしに実行することも可能

if文を書かなくてもNull許容型の変数を扱う方法はあります。1つは「安全呼び出し」といって、**リスト1.3.8**のように変数の後ろに?を付けて呼び出す方法です。

リスト1.3.8

```
fun printMessageLength(message: String?) {
    println(message?.length)
}
```

これは変数の値がnullだった場合はnullを返し、nullでなかった場合は後続の処理（ここではlength）を実行します。呼び出すと**リスト1.3.9**のような結果になります。

リスト1.3.9

```
printMessageLength("Kotlin")
printMessageLength(null)
```

> 実行結果

```
6
null
```

もう1つは「強制アンラップ」という方法で、変数の値が何であっても問答無用に実行します。**リスト1.3.10**のように、変数の後ろに!!を付けて呼び出します。

リスト1.3.10

```
fun printMessageLength(message: String?) {
    println(message!!.length)
}
```

ただ、この方法はnullが入っていた場合には実行時にエラーとなるため、あまり望ましくありません。仕様上確実にnullが入ってこないような場合にのみ、使用することがあります。

4 環境構築と最初のプログラムの実行

ここから実際にKotlinを実行していくための環境構築をします。本書では、基本的にJetBrains社のIDEであるIntelliJ IDEAを使用してコードを実装していきます。

IntelliJ IDEAのインストール

インストール (Mac)

公式サイト[注6]から最新版のdmgファイルをダウンロードします。**図1.1**の画面で［ダウンロード］ボタンを押下してください。無償版である「コミュニティ」で問題ありません。

図1.1

ダウンロードしたdmgファイルを実行し、任意の場所にインストールします。

インストール (Windows)

公式サイト[注7]から最新版のexeファイルをダウンロードします。**図1.2**の画面で［ダウンロード］ボタンを押下してください。無償版である「コミュニティ」で問題ありません。

図1.2

注6　https://www.jetbrains.com/ja-jp/idea/download/#section=mac
注7　https://www.jetbrains.com/ja-jp/idea/download/#section=windows

ダウンロードしたexeファイルを実行します。設定がいくつか表示されますが、すべてデフォルトの状態で［Next］で進んで問題ありません（**図1.3〜図1.5**）。

図1.3

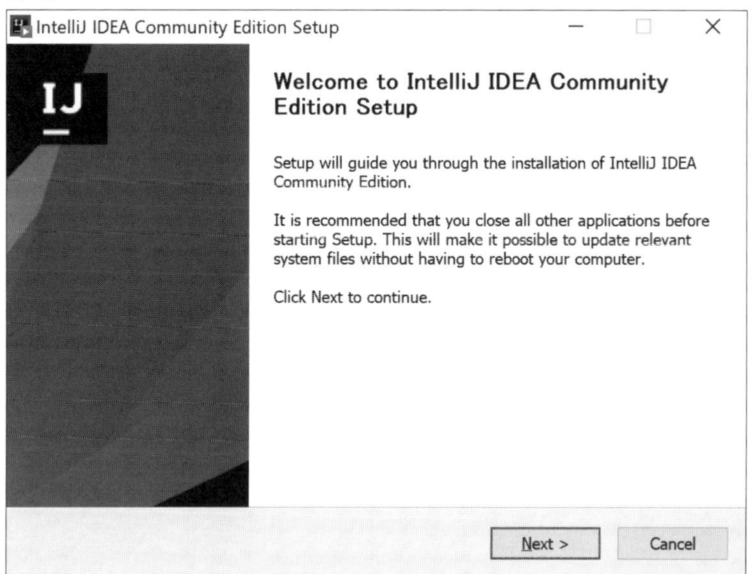

図1.4

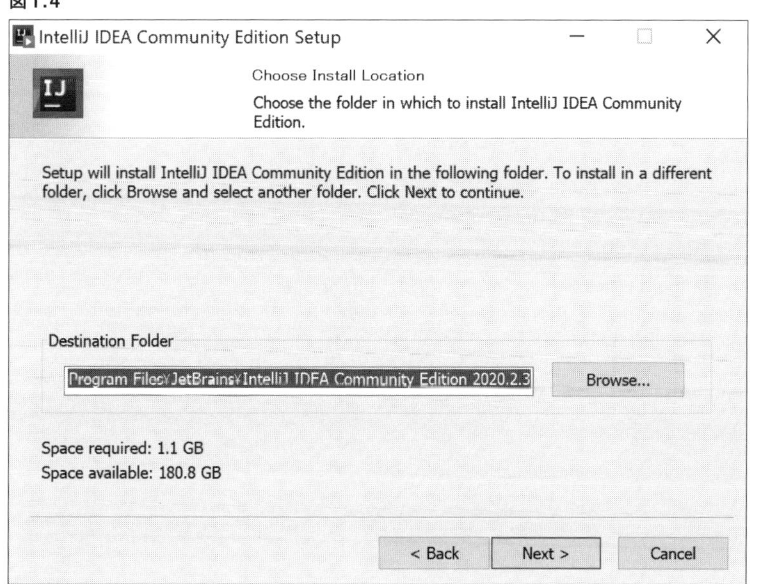

図1.5

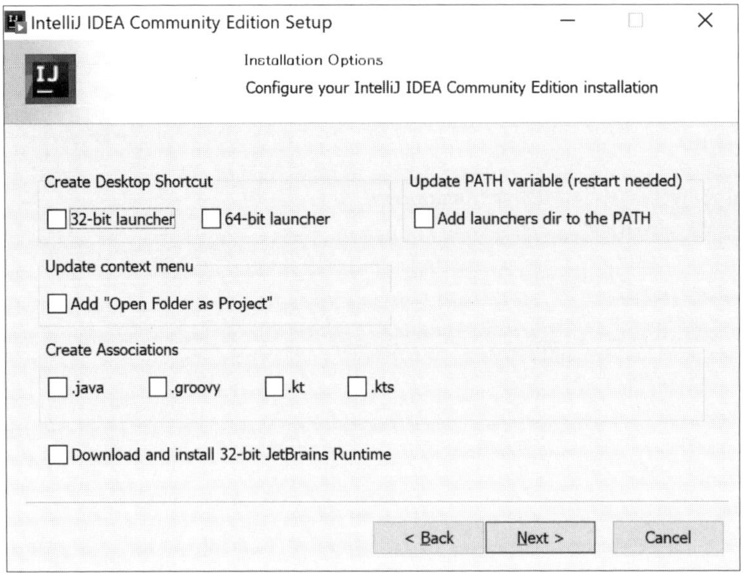

図1.6の画面で［Install］を押下し、インストールを開始します。

図1.6

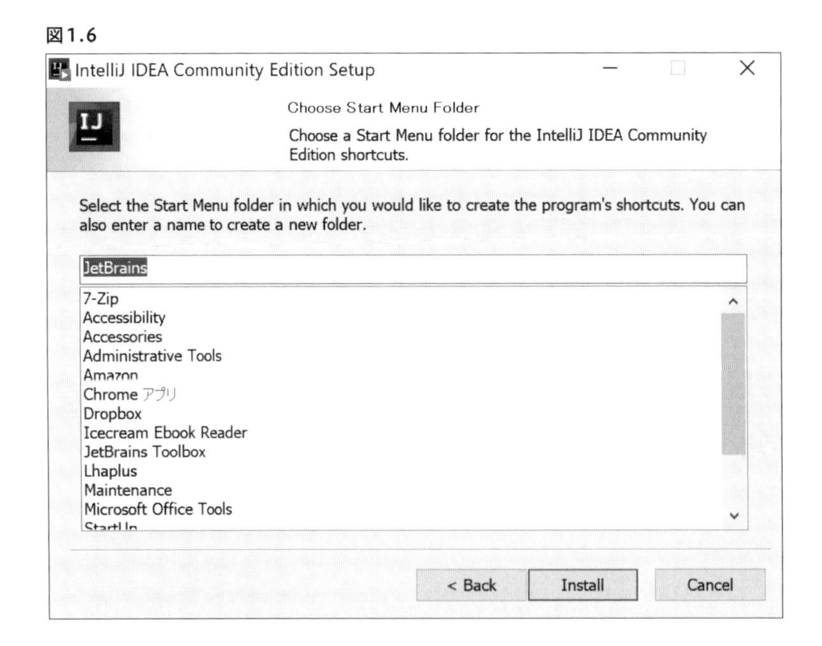

インストール中は**図1.7**の画面が表示されるので、少し待ちます。

図1.7

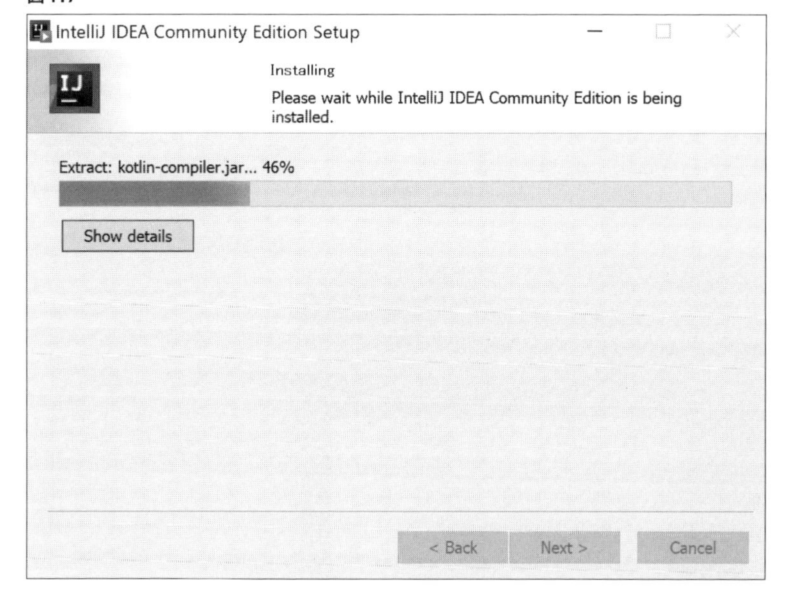

完了すると**図1.8**の画面が表示されるので、「Run IntelliJ IDEA Community Edition」にチェックを入れて［Finish］を押下すると、インストールしたIntelliJ IDEAが起動されます。

図1.8

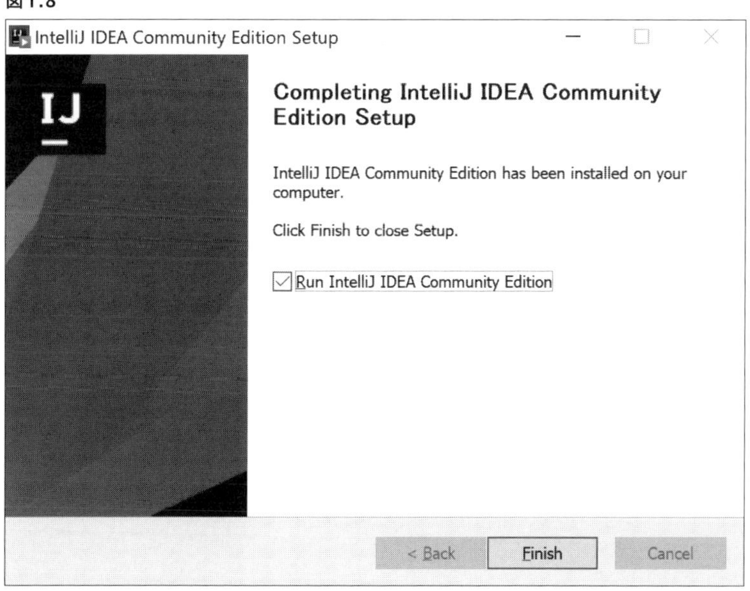

IntelliJ IDEAの起動

以降は、Mac版で解説します。Windows版の方は適宜読み替えてください。

インストールしたIntelliJ IDEA CE.appを起動します。テーマやプラグインなどいくつかの設定画面（**図1.9～図1.12**）が表示されるので、必要に応じて設定してください。Kotlinはデフォルトの状態で使えるため、すべてそのままの状態で進めても問題ありません。

図1.9

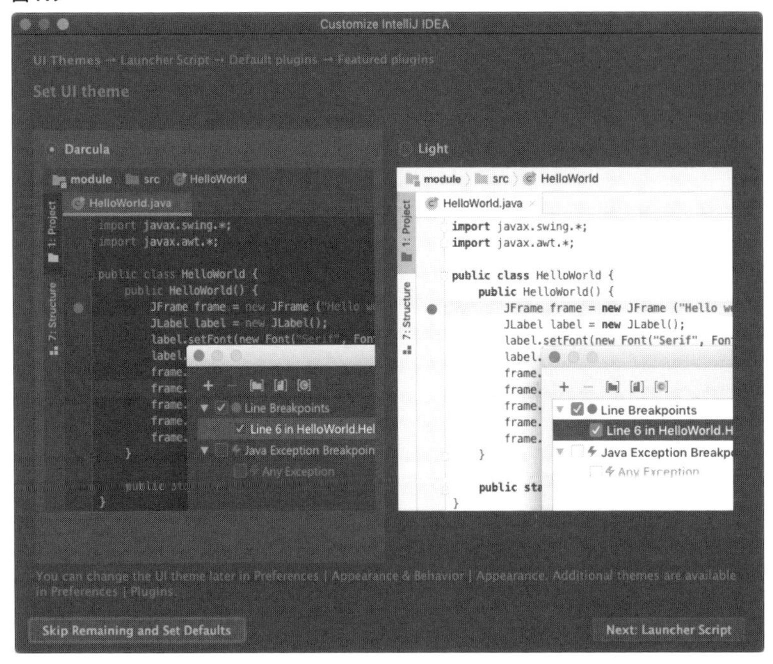

図1.10

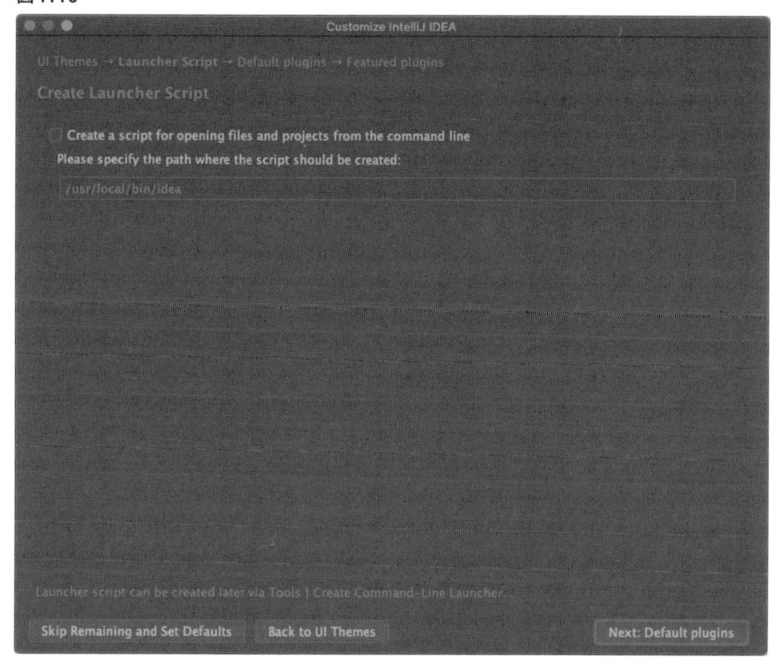
Customize IntelliJ IDEA
UI Themes → Launcher Script → Default plugins → Featured plugins
Create Launcher Script
Create a script for opening files and projects from the command line
Please specify the path where the script should be created:
/usr/local/bin/idea
Launcher script can be created later via Tools | Create Command-Line Launcher...
Skip Remaining and Set Defaults
Back to UI Themes
Next: Default plugins

図1.11

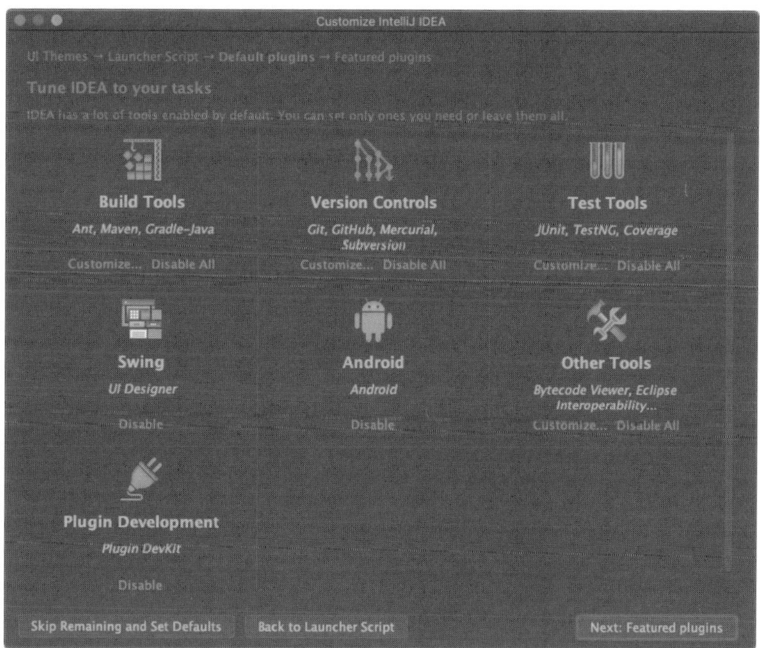
Customize IntelliJ IDEA
UI Themes → Launcher Script → Default plugins → Featured plugins
Tune IDEA to your tasks
IDEA has a lot of tools enabled by default. You can set only ones you need or leave them all.
Build Tools
Ant, Maven, Gradle-Java
Customize... Disable All
Version Controls
Git, GitHub, Mercurial, Subversion
Customize... Disable All
Test Tools
JUnit, TestNG, Coverage
Customize... Disable All
Swing
UI Designer
Disable
Android
Android
Disable
Other Tools
Bytecode Viewer, Eclipse Interoperability...
Customize... Disable All
Plugin Development
Plugin DevKit
Disable
Skip Remaining and Set Defaults
Back to Launcher Script
Next: Featured plugins

図1.12

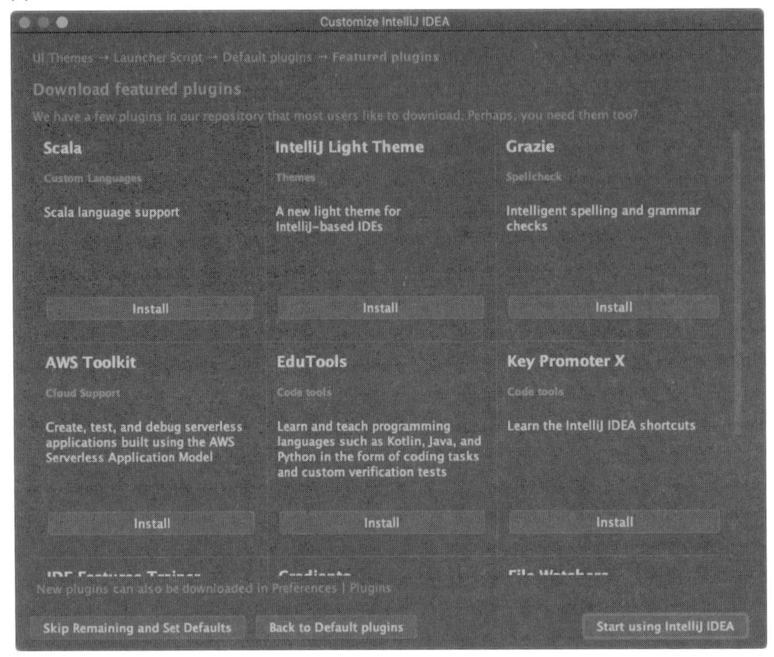

Kotlinプロジェクトの作成

すべての設定が終わると、**図1.13**の画面が表示されるので、「New Project」を選択してプロジェクトを作成します。

図1.13

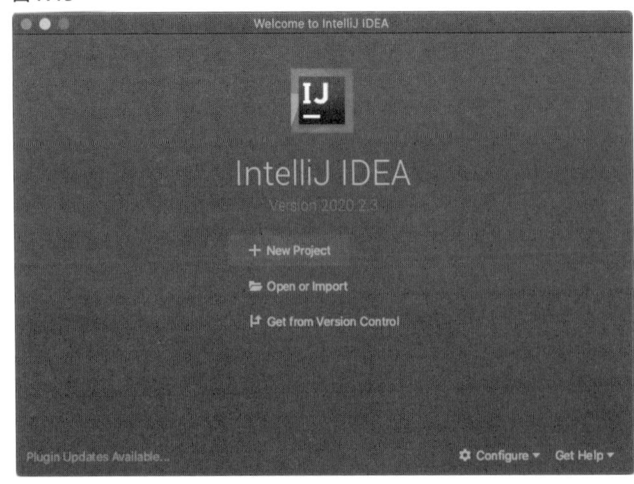

図1.14の画面で、左側のプロジェクトの種類の一覧から「Kotlin」を選択し、以下の設定をしてください。

- Name: 任意のプロジェクト名（図ではKotlinExample）
- Location: 配置したい任意のディレクトリ（図ではホームディレクトリ配下のIdeaProject/Kotlin Example）
- Project Template: Application
- Build System: Gradle Kotlin
- Project JDK: corretto-11

図1.14

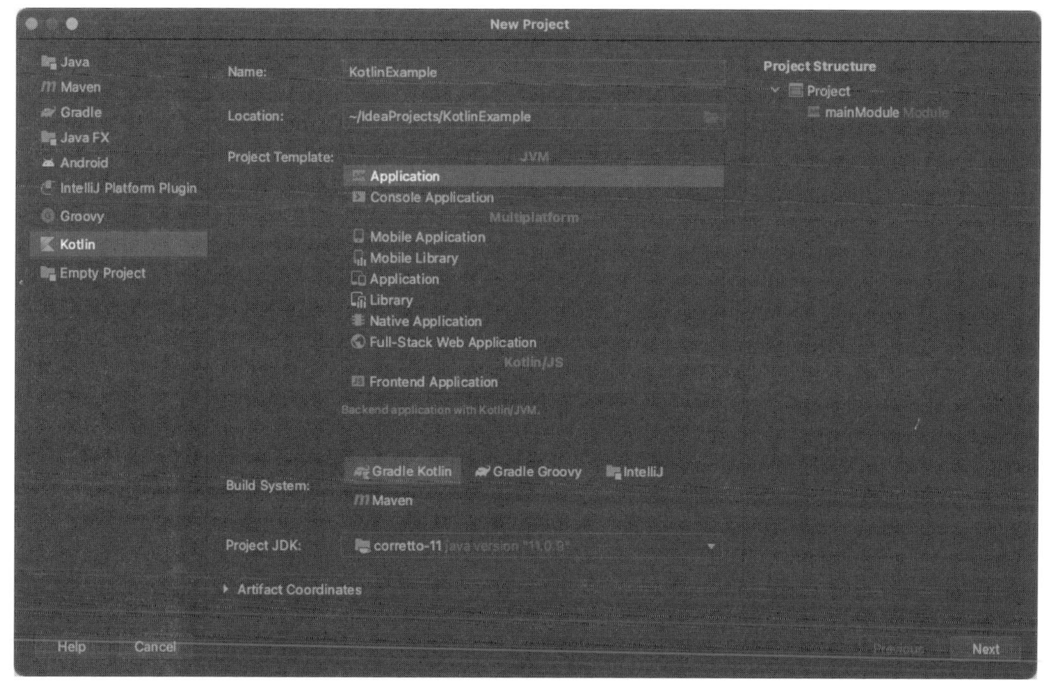

Kotlinでは開発時にJDK（Java Development Kit）が必要になり、このプロジェクトで使用するバージョンをProject JDKで指定しています。本書ではcorretto-11（Amazon Correttoのバージョン11[注8]を指します）を使用します。もし表示されない場合は**図1.15**のように「Download JDK...」と選択すると**図1.16**のダイアログが表示されるため、以下のように選択してください。

- Version: 11
- Vendor: Amazon Corretto（図1.16で表示されているものは執筆時点での最新バージョン）

注8　https://aws.amazon.com/jp/corretto/

図1.15

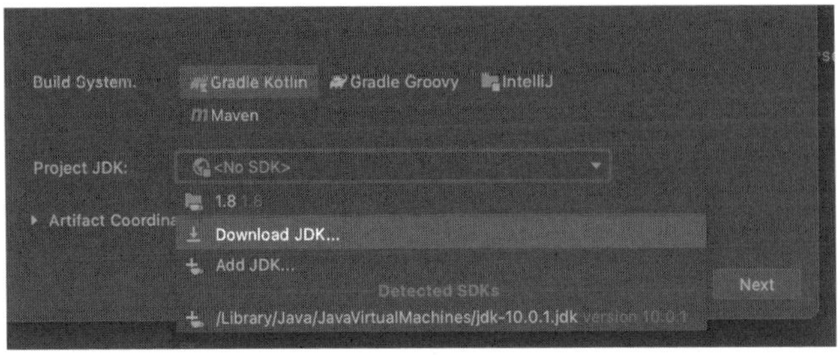

図1.16

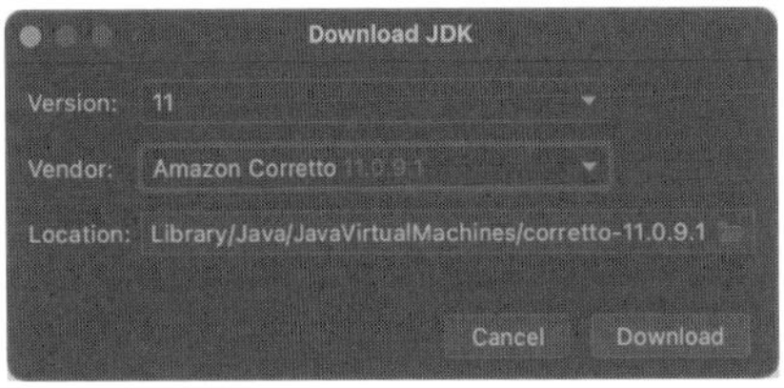

［Next］を押して次に進むと**図1.17**のような画面が表示されるので、［Finish］を押してプロジェクトの作成を完了してください。

図1.17

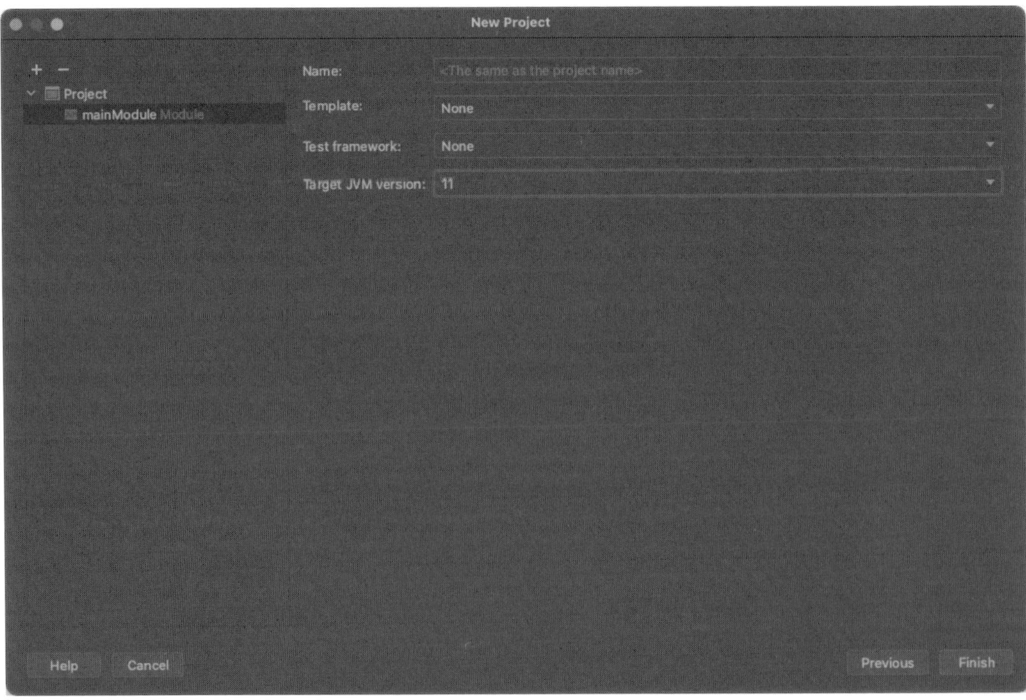

最初のプログラムの実行

プロジェクトが作成されると、**図1.18**のように左側にプロジェクトビューが表示されます。開いたときに表示されていない場合は、画面左側の「1:Project」を押下してください。

図1.18

次に、src/main/kotlinディレクトリで右クリックし、［New］→［Kotlin Class/File］を選択し（**図1.19**）、**図1.20**のダイアログで任意の名前（図ではExample）を入力してファイルを作成してください。Class、Interfaceなども選べますが、ここでは「File」を選択します。Kotlinのファイルは、基本的にこのsrc/main/kotlin配下に作成します。

図1.19

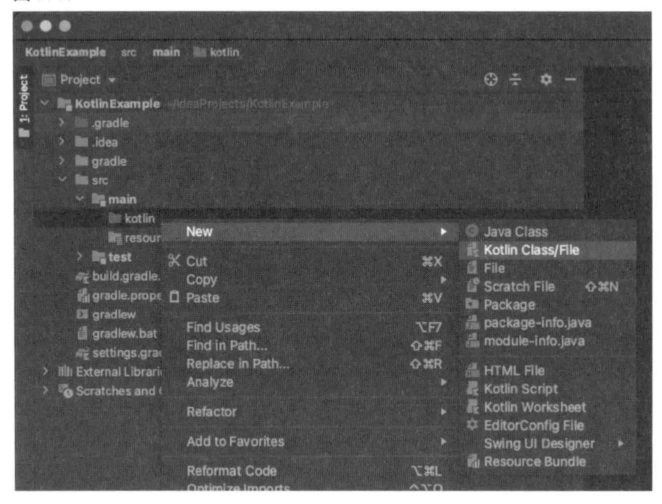

図1.20

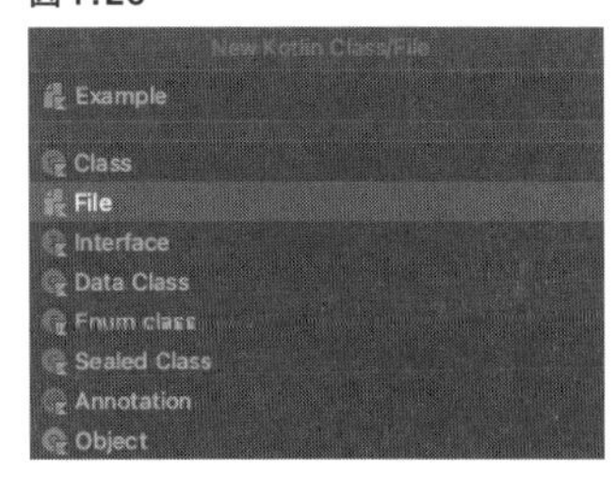

作成したファイルに**リスト1.4.1**のコードを記述してください。

リスト1.4.1

```
fun main() {
    println("Hello Kotlin.")
}
```

そしてIntelliJ IDEAで1行目の左に表示されている再生ボタンのアイコンを押下し、「Run 'ExampleKt'」を選択するとmain関数が実行されます（**図1.21**）。

図1.21

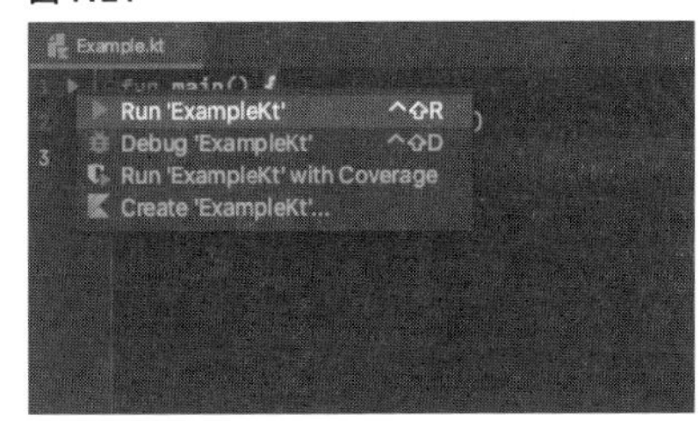

正常に実行されると、画面下部のRunビューに「Hello Kotlin.」が表示されます。これでKotlinの実行環境の準備は完了です。

build.gradle.ktsについて

作成したプロジェクトを見ると、直下のディレクトリにbuild.gradle.ktsというファイルがあると思います。これはGradle注9というツールの設定ファイルになります。GradleはKotlinやJavaなどのアプリケーションのビルドツールで、ビルドに必要なライブラリの設定や、タスクの定義ができます。もともとはGroovyで記述するツールでしたが、Kotlin DSLというKotlinで記述できる方法があります（Groovyの場合は.ktsの拡張子が付きません）。

記述方法は使用時に随時解説しますが、ここではファイルの末尾に**リスト1.4.2**の内容を追加してください。

リスト1.4.2

```
dependencies {
    // ここにライブラリやフレームワークの依存関係を追加していく
}
```

dependenciesというブロックを追加しています。これは使用するフレームワークやライブラリの依存関係を記述するブロックで、この後の解説の中で必要なものを随時追加していきます。

本書でのサンプルコードの実行について

本書でのサンプルコードは、基本的にはmain関数の処理を書き換えることで実行できます。また、前述のとおりファイルは基本的にsrc/main/kotlinディレクトリの配下に作成していきます。ただ、いくつかパターンがあるので、ここで先に解説します。これらのパターンとは違う形で実行する例外的なものに関しては、都度本文の中で記述の方法を説明します。

また、プロジェクト自体を新しく作成する指示のある章もありますので、特に作成方法が記述されて

注9 https://gradle.org/

いない場合は、以下で解説する手順で、任意の名前で作成してください。

関数の定義がなく、処理のみが書かれている場合

リスト1.4.3のように関数の定義（次の項で解説します）がない処理のみのコードの場合、main関数を**リスト1.4.4**のように書き換えます。

リスト1.4.3

```
val text = "Hello Kotlin."
println(text)
```

リスト1.4.4

```
fun main() {
    val text = "Hello Kotlin."
    println(text)
}
```

関数の定義と、呼び出す処理が書かれている場合

リスト1.4.5、**リスト1.4.6**のように関数の定義と呼び出しの例がある場合は、**リスト1.4.7**のように関数を作成してmain関数に呼び出しのコードを記述すれば実行できます。

リスト1.4.5

```
fun printText() {
    val text = "Hello Kotlin."
    println(text)
}
```

リスト1.4.6

```
printText()
```

>実行結果

```
Hello Kotlin.
```

リスト1.4.7

```
fun printText() {
    val text = "Hello Kotlin."
    println(text)
}
```

```
fun main() {
    printText()
}
```

クラス、インターフェースが書かれている場合

リスト1.4.8、**リスト1.4.9**のようにクラスかインターフェース（次の項で解説します）が書かれている場合、特に注記がなければクラス名、インターフェース名と同じ名前のファイルを作成して記述します。

リスト1.4.8

```
class User {
    var name: String = ""
}
```

リスト1.4.9

```
interface Greeter {
    fun hello()
}
```

一部例外的に1ファイルに複数のクラスやインターフェースを書いているものもありますが、本書では基本的に1ファイルに1クラスもしくは1インターフェースの想定で記述しています。

パッケージについて

Kotlinではパッケージという概念があります。コードを分類するための仕組みで、各クラスや関数などをパッケージを分けて配置し管理します。IntelliJ IDEAではsrc/main/kotlinディレクトリで右クリックし、[New] → [Package] で作成できます。

パッケージは必須ではなく、本章で作成したようにsrc/main/kotlin配下にファイルを作成しても動作上は問題ありません。本書でのサンプルでは特にパッケージの場所の指示は書いていないため、サンプルコードは任意のパッケージに作成していただいて問題ありません。公開されているサンプルプロジェクトのほうでは、適宜パッケージを作成しているので、参考になるものがほしい方はそちらもご覧ください。

import文について

Kotlinでは他のパッケージのコードや外部のライブラリを使用する際、**リスト1.4.10**のようにファイルの冒頭にimport文を記述して読み込む必要があります。

リスト1.4.10

```
import com.example.Example
import io.ktor.application.call
```

ただ、必要なimport文をすべて記載するとかなり長くなってしまうため、本書の各サンプルコードでは基本的に省略しています。そのため、それぞれ必要に応じてimport文を追加してもらう必要があります。

IntelliJ IDEAでは、importが必要なコードの該当箇所がコンパイルエラーで赤字で表示され、カーソルを合わせると**図1.22**のように「Unresolved reference」というエラーが表示されます。ここでMacの場合は option + Enter 、Windowsの場合は Alt + Enter を押すと、**図1.23**のように解決策のアクションの候補が出てくるので、「Import」を選択すると必要なimport文を追加してくれます。

図1.22

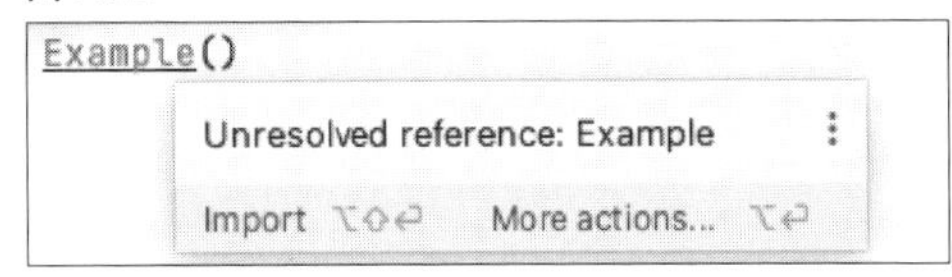

図1.23

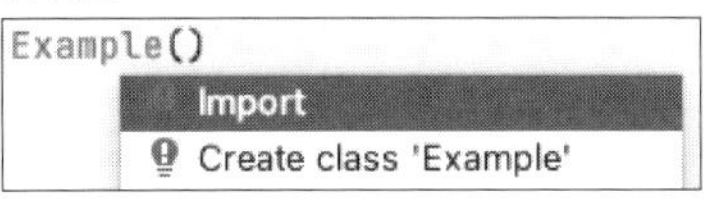

ここではExampleクラスのimport文を追加しています。

一部この機能だけでは補完しきれないものがあり、その場合は各サンプルコードの中にimport文も含めて記載し、解説の中でもその旨を記述してあります。

5 Kotlinの基本構文

ここからは、Kotlinの基本構文について紹介していきます。本書はプログラミングの経験者を対象としているため、プログラミング言語の基本的な構文と大きく変わらないものに関しては簡単な説明に留めます。Kotlinの特徴的な構文、機能に関しては次章で別途紹介します。

変数

Kotlinの変数定義は、**リスト1.5.1**のように必ず先頭にval、varのいずれかを付けて宣言します。

リスト1.5.1

```
val id = 100
var name = "Takehata"
```

valは変更不可、varは変更可を表し、valで定義した変数の値を変更しようとするとコンパイルエラーになります（**リスト1.5.2**）。

リスト1.5.2

```
val id = 100
id = 200 // コンパイルエラー
```

値が変更される想定のない変数は、valで定義することにより意図せぬ書き換えを防ぐことができ、不具合の軽減につながります。

また、Kotlinには型推論の機能があります。変数を定義する際に型を宣言していなくても、代入された値から型を推論してくれます。**リスト1.5.1**ではidが数値（Int）、nameが文字列（String）として定義されます。明示的に型を定義したい場合は、**リスト1.5.3**のようになります。

リスト1.5.3

```
val id: Int = 100
var name: String = "Takehata"
```

関数

Kotlinの関数は、**リスト1.5.4**のように書きます。

リスト1.5.4

```
fun countLength(str: String): Int {
    return str.length
}
```

`fun 関数名(引数): 戻り値の型`という構文になります。戻り値が存在しない場合は、**リスト1.5.5**のように戻り値の型の記述を省略できます。

リスト1.5.5

```
fun displayMessage(message: String) {
    println(message)
}
```

また、KotlinにはUnitという何もないことを表す型があります。こちらを使用して**リスト1.5.6**のように明示的に戻り値として書くこともできますが、基本的には不要になります。

リスト1.5.6

```
fun displayMessage(message: String): Unit {
    println(message)
}
```

分岐

if文

Kotlinの分岐処理には、if文とwhen文があります。まず、基本的なif文は**リスト1.5.7**のようになります。

リスト1.5.7

```
fun ifExample(num: Int) {
    if (num == 100) {
        println("num is 100")
    }
}
```

多くの言語のif文と同様にBoolean型の結果を返す式を条件式として渡し、必要に応じて`else if`、`else`を記述します（**リスト1.5.8**）。

リスト1.5.8

```
if (num < 100) {
    println("Less than 100")
} else if (num == 100) {
    println("Equal to 100")
} else {
    println("Greater than 100")
}
```

when文

when文は他の言語でいうswitch文、case文といったものに当たる構文で、条件式に対する複数の分岐を実現します。**リスト1.5.9**のように記述します。

リスト1.5.9

```
fun whenExample(num: Int) {
    when (num) {
        100 -> {
            println("Equal to 100")
        }
        200 -> {
            println("Equal to 200")
        }
        else -> {
            println("Undefined value")
        }
    }
}
```

whenに引数として、その値に応じて処理を記述しています。どの条件にも当てはまらない値の場合は、elseの処理が実行されます。

また値が一致しているかだけでなく、**リスト1.5.8**のif文のコードをwhen文で置き換えた、**リスト1.5.10**のような実装も可能となります。

リスト1.5.10

```
when {
    num < 100 -> {
        println("Less than 100")
    }
    num == 100 -> {
        println("Equal to 100")
    }
    else -> {
        println("Greater than 100")
    }
}
```

繰り返し

繰り返し処理も他の言語と同様に、while文、for文、do while文などがあります。ここではwhile文、for文について紹介します。

while文

while文は**リスト1.5.11**のようになります。他の言語と大きな違いはなく、`while(条件式)`で書いた条件式を満たすまで繰り返し処理を続けます。

リスト1.5.11

```
var i = 1
while (i < 10) {
    println("i is $i")
    i++
}
```

> 実行結果

```
i is 1
i is 2
i is 3
i is 4
i is 5
i is 6
i is 7
```

```
i is 8
i is 9
```

for文

for文はいくつか書き方があります。例えば**リスト1.5.12**では数値の範囲を`1..10`で指定し、その回数分処理が実行されます。ここで定義している変数`i`には、1〜10の値が順番に入っていきます。

リスト1.5.12

```
for (i in 1..10) {
    println("i is $i")
}
```

> 実行結果

```
i is 1
i is 2
i is 3
i is 4
i is 5
i is 6
i is 7
i is 8
i is 9
i is 10
```

また、**リスト1.5.13**のような書き方もできます。**リスト1.5.12**と似ていますが、`(変数名 in 開始値 until 終了値 step 増加値)`とすることで増加値で指定した数ごとに数値を増やすことができます。ここでは、1〜10までの値を2ずつ増加させて`i`に代入し、表示しています。

リスト1.5.13

```
for (i in 1 until 10 step 2) {
    println("i is $i")
}
```

> 実行結果

```
i is 1
i is 3
i is 5
i is 7
i is 9
```

ほかにも後述するコレクションとの組み合わせで使用する方法もあります。**(変数名 in コレクションの値)** と指定することで、コレクションの値を順番に取り出し、変数に代入して要素を扱うことができます。**リスト1.5.14**ではlistの要素を順番に取り出し、iに代入して表示しています。

リスト1.5.14

```
val list = listOf(1,2,5,6,10)
for (i in list) {
    println("i is $i")
}
```

> 実行結果

```
i is 1
i is 2
i is 5
i is 6
i is 10
```

クラス

Kotlinのクラスの定義や継承の使い方についてです。継承の際にいくつかの修飾子を使うことがあるので、そちらも併せて紹介します。

クラスの定義

クラス定義は、**リスト1.5.15**のように書きます。

リスト1.5.15

```
class Human {
    fun showName(name: String) {
        println(name)
    }
}
```

class クラス名で定義し、ネスト（入れ子）された中に関数や変数を定義していきます。**リスト1.5.16**のような形で、このクラスのインスタンスを生成し関数を実行することができます。

リスト1.5.16

```
val human = Human()
human.showName("Takehata")
```

> **実行結果**

```
Takehata
```

Kotlinでは**クラス名()**でインスタンスを生成します。他の言語で見られるnewなどのキーワードは不要で、シンプルに記述することができます。

また、コンストラクタを定義する場合は**リスト1.5.17**のようにクラス名の後ろに書きます。

リスト1.5.17

```
class Human(val name: String) {
    fun showName() {
        println(name)
    }
}
```

インスタンスの生成も**リスト1.5.18**のようになります。

リスト1.5.18

```
val human = Human("Takehata")
human.showName()
```

継承

クラスの継承についてです。併せて継承を制限する機能である、シールドクラスについても説明します。

クラスを継承して子クラスを作る

まず、親クラスを**リスト1.5.19**のように定義します。

リスト1.5.19

```
open class Animal(val name: String) {
    fun showName() = println("name is $name")
    open fun cries() = println("")
}
```

Kotlinでは継承させたいクラスには、openという修飾子を付けておく必要があります。これが付いていない場合は、子クラスで継承しようとした際にコンパイルエラーになります。また、関数についてもオーバーライドさせたい関数については、openを付けておく必要があります。Animalクラスでは、cries()関数のみ子クラスでオーバーライドできるようにしています。

そして、**リスト1.5.20**はopenで定義したAnimalクラスを継承したDogクラスです。

リスト1.5.20

```
class Dog(name: String) : Animal(name) {
    override fun cries() = println("bowwow")
}
```

Kotlinの継承は、クラス名の後ろに**: クラス名**の形で親クラスを記述します。親クラスにコンストラクタがある場合もここで記述します。また、子クラスでコンストラクタのプロパティを追加する場合は、**リスト1.5.21**のように記述します。

リスト1.5.21

```
class Dog(name: String, age: Int) : Animal(name) {
    // 省略
}
```

クラスのコンストラクタに親クラス（Animal）の引数であるnameと、追加するageを記述し、継承先クラスの定義でnameをAnimalの引数に渡しています。

シールドクラスで継承を制限する

シールドクラスは、継承する対象が制限されたクラスです。**リスト1.5.22**のようにクラス名にsealdを付けることで、このクラスは他ファイルのクラスから継承できなくなります。

リスト1.5.22

```
sealed class Platform {
    abstract fun showName()
}
```

リスト1.5.23のように、同一ファイル内で定義されたクラスでは継承することが可能となります。

リスト1.5.23

```
sealed class Platform {
    abstract fun showName()
}

class AndroidPlatform: Platform() {
    override fun showName() {
        println("Android.")
    }
}

class IosPlatform: Platform() {
    override fun showName() {
```

```
        println("iOS.")
    }
}
```

インターフェース

インターフェースの定義はクラスと似ていますが、**リスト1.5.24**のようにinterfaceを使いインターフェース名を宣言し、その中のブロックで関数を定義します。

リスト1.5.24

```
interface Greeter {
    fun hello()
}
```

そして、**リスト1.5.25**のように記述することで、インターフェースを実装できます。クラスの継承と同様で、クラス名の後ろに`: インターフェース名`の形で記述します。

リスト1.5.25

```
class GreeterImpl: Greeter {
    override fun hello() {
        println("Hello.")
    }
}
```

コレクション

KotlinにはList、Map、Setといったコレクションがあります。この3つのコレクションについて、簡単に使い方を紹介します。

List

まずはListです。**リスト1.5.26**のように、listOfという関数に型を指定することでList型のインスタンスが生成できます。そして要素の値を取得するには、変数名に[]でインデックス番号を指定します。

リスト1.5.26

```
val intList: List<Int> = listOf<Int>(1, 2, 3)
println(intList)
println(intList[1])

val stringList: List<String> = listOf<String>("one", "two", "three")
```

```
println(stringList)
println(stringList[1])
```

> 実行結果

```
[1, 2, 3]
2
[one, two, three]
two
```

インデックス番号は0から始まります。ここでは1を指定しているので、2番目の要素が取得されています。

また、listOf関数は型推論が効くので、**リスト1.5.27**のように<>を省略できます。

リスト1.5.27

```
val intList = listOf(1, 2, 3)
val stringList = listOf("one", "two", "three")
```

インスタンスを生成した後に要素を追加したい場合は、mutableListOf関数を使用してMutableList型のインスタンスを生成し、add関数を実行します。List型は変更不可のListとなっていて、add関数が存在しません（**リスト1.5.28**）。

リスト1.5.28

```
val immutableList: List<Int> = listOf(1, 2, 3)
immutableList.add(4) // コンパイルエラー
val mutableList: MutableList<Int> = mutableListOf(1, 2, 3)
mutableList.add(4)
```

> コンパイルエラー

```
Unresolved reference: add
```

Map

Mapは**リスト1.5.29**のようにmapOf関数を使用しkey to valueの形式で指定することで、Map型のインスタンスを生成できます。listOfと同様<>で型の指定が必要ですが、型推論が効くため省略できます。そしてmapの値は、変数名に[]でMapのkeyを指定することで取得できます。

リスト1.5.29

```
val map: Map<Int, String> = mapOf(1 to "one", 2 to "two", 3 to "three")
println(map)
println(map[2])
```

> 実行結果

```
{1=one, 2=two, 3=three}
two
```

ここでは2を指定しているので、該当する要素のvalueであるtwoが取得されています。

また、よく使う関数としてcontainsKeyがあります。**リスト1.5.30**のようにkeyの値を引数に指定することで、そのkeyに該当する要素が存在するかを判定し、Boolean型の値を返却します。

リスト1.5.30

```
val map = mapOf(1 to "one", 2 to "two", 3 to "three")
println(map.containsKey(3))
println(map.containsKey(4))
```

> 実行結果

```
true
false
```

ここではkeyが存在しない4を指定した際に、falseを返却しています。

そしてMapもListと同様、変更不可のオブジェクトとなっています。要素を追加するには**リスト1.5.31**のようにmutableMapOf関数を使用してMutableMap型のインスタンスを生成し、変数名に[]でkeyを指定し、値を代入することでできます。

リスト1.5.31

```
val immutableMap: Map<Int, String> = mapOf(1 to "one", 2 to "two", 3 to "three")
immutableMap[4] = "four" // コンパイルエラー
val mutableMap: MutableMap<Int, String> = mutableMapOf(1 to "one", 2 to "two", 3 to "three")
mutableMap[4] = "four"
```

> コンパイルエラー

```
Unresolved reference. None of the following candidates is applicable because of receiver type mismatch:
```

ここでは4というkeyで、fourというvalueを持った要素を追加しています。

Set

Setは**リスト1.5.32**のように、setOf関数を使用することでSet型のインスタンスを生成できます。こちらもlistOfと同じく型推論を使用して、型の指定は省略しています。

リスト1.5.32

```
val set = setOf("one", "two", "three")
println(set)
```

> 実行結果

```
[one, two, three]
```

Setではよく使う関数として、containsがあります。引数で渡された値が要素に存在するかを判定し、Boolean型の値を返却します（**リスト1.5.33**）。

リスト1.5.33

```
val set = setOf("one", "two", "three")
println(set.contains("three"))
println(set.contains("four"))
```

> 実行結果

```
true
false
```

ここでは存在しないfourを渡した際に、falseを返却しています。

またListやMapと同様、変更不可のオブジェクトとなっています。要素を追加するには**リスト1.5.34**のようにmutableSetOf関数を使用して、MutableSet型のインスタンスを生成し、add関数を呼び出して値を指定することでできます。

リスト1.5.34

```
val immutableSet = setOf("one", "two", "three")
immutableSet.add("four") // コンパイルエラー
val mutableSet = mutableSetOf("one", "two", "three")
mutableSet.add("four")
```

> コンパイルエラー

```
Unresolved reference: add
```

第2章 様々なKotlinの機能

第2章では、Kotlinで使用できる様々な機能を紹介します。第1章でも紹介したように、Kotlinはシンプルに書くための構文や便利な機能で、開発効率を上げられる要素が多くあります。それらはKotlinのメリットを最大限に活かした実装をしていくために、必須の知識にもなってきます。この章でKotlinの良さを理解しつつ、より「Kotlinらしい」書き方を知っていただければと思います。

1 if、when文を式として扱いコードをシンプルにできる

第1章の「5. Kotlinの基本構文」で、分岐処理としてif文とwhen文について紹介しました。Kotlinではこのif文とwhen文が式として扱われるため、結果の値を返すことができます。例えば**リスト2.1.1**のようなコードがあります。

リスト2.1.1

```
fun printOddOrEvenNumberText(num: Int) {
    var text = ""
    if (num % 2 == 1) {
        text = "奇数"
    } else {
        text = "偶数"
    }

    println(text)
}
```

空文字で初期化したtextという変数を用意し、引数の値によって「奇数」「偶数」という文字列で書き換え、出力しています。これを**リスト2.1.2**のように実装できます。

リスト2.1.2

```
fun printOddOrEvenNumberText(num: Int) {
    val text = if (num % 2 == 1) {
        "奇数"
    } else {
        "偶数"
    }

    println(text)
}
```


if文を式として扱うと、if文自体が結果の値を返してくれます。ここではifでの条件判定の結果によって、「奇数」「偶数」という文字列が返却されるため、その値をtext変数に入れています。こうすることで記述量が減りシンプルになります。さらに変数textにも初期化の段階で結果の値を設定でき、valで定義することができるため、不必要な書き換えをされる可能性を減らせます。

リスト2.1.3のように実行すると、次の実行結果になります。

リスト2.1.3

```
printOddOrEvenNumberText(100)
printOddOrEvenNumberText(99)
```

> 実行結果

```
偶数
奇数
```

このくらいの短いコードであれば、if文を1行で書いて**リスト2.1.4**のようによりシンプルな実装にすることもできます。

リスト2.1.4

```
fun printOddOrEvenNumberText(num: Int) {
    val text = if (num % 2 == 1) "奇数" else "偶数"

    println(text)
}
```

また、**リスト2.1.5**のようなコードは、**リスト2.1.6**のように書けます。

リスト2.1.5

```
fun getOddOrEvenNumberText(num: Int): String {
    if (num % 2 == 1) {
```

```
        return "奇数"
    } else {
        return "偶数"
    }
}
```

リスト2.1.6

```
fun getOddOrEvenNumberText(num: Int): String {
    return if(num % 2 == 1) {
        "奇数"
    } else {
        "偶数"
    }
}
```

関数getOddOrEvenNumberTextでは、引数numの値が奇数か偶数かを判定し、それぞれ「奇数」「偶数」という文字列を返却しています。こちらもif文を式として扱うことで、if-elseそれぞれのブロックでreturn文を記述する必要がなくなるため、コードがシンプルになります。

when文も同様に式として扱うことができます（**リスト2.1.7**）。

リスト2.1.7

```
fun printNumText(num: Int) {
    val text = when (num) {
        100 -> {
            "Equal to 100"
        }
        200 -> {
            "Equal to 200"
        }
        else -> {
            "Undefined value"
        }
    }

    println(text)
}
```

こちらもwhen文の各ブロックで記述している値がtext変数に入り、出力されます。**リスト2.1.8**のように実行し、次の結果になります。

リスト2.1.8

```
printNumText(100)
printNumText(200)
printNumText(300)
```

＞実行結果

```
Equal to 100
Equal to 200
Undefined value
```


2 プロパティの定義でアクセサメソッド（getter、setter）が不要になる

データオブジェクトなどを作成する際に、データの値を表すフィールド（プロパティ）とアクセサメソッド（いわゆるgetter、setter）などを定義したクラスを作成することがあります。Kotlinではクラスにプロパティとなる変数を定義することで、その変数のアクセサメソッドが内部的に生成され、外部からプロパティへアクセスする際もアクセサメソッド経由で呼び出されます。これによりコードの記述量も減り、実装がシンプルになります。

内部的に生成されるアクセサメソッド

例えば、**リスト2.2.1**のようなクラスがあります。

リスト2.2.1

```
class User1 {
    var name: String = ""
}
```

User1クラスではnameというプロパティが定義されています。このプロパティへのアクセスは、**リスト2.2.2**のようになります。

リスト2.2.2

```
val user = User1()
user.name = "Takehata"
println(user.name)
```

＞実行結果

```
Takehata
```

User1クラスのインスタンスを生成し、user.name = "Takehata"という形でnameに値を格納しています。これは見た目はnameというプロパティに直接入れているように見えますが、内部的にはnameのsetter

を経由してnameへ値が格納されています。

プロパティの値の取得に関しては、user.nameという形で呼び出すことができます。こちらも内部的にはnameのgetterを経由してnameの値を取得しています。**リスト2.2.2**の例では、getterで取得した結果をprintlnに渡し、標準出力しています。

リスト2.2.3のようにアクセサメソッドを定義すると、すでに宣言されている定義と衝突している旨のコンパイルエラーが表示されるため、内部的に生成されていることがわかると思います。

リスト2.2.3

```
class User1 {
    var name: String = ""

    fun getName(): String {
        return this.name
    }

    fun setName(name: String) {
        this.name = name
    }
}
```

> コンパイルエラー

```
Platform declaration clash: The following declarations have the same JVM signature (getName()Ljava/
lang/String;)
```

valでの定義はgetterのみ生成する

前述の例ではプロパティの変数をvarで定義しており、getterとsetterが生成されていました。これをvalで定義した場合は、getterのみが生成されることになります。

リスト2.2.4のUser2クラスでは、idというプロパティがvalで定義されています。このプロパティはsetterが生成されないため、コンストラクタで渡された値で初期化し、その後変更することができません（**リスト2.2.5**）。

リスト2.2.4

```
class User2(id: Int) {
    val id: Int = id
    var name: String = ""
}
```

リスト2.2.5

```
val user = User2(1)
user.name = "Takehata"
user.id = 2 // コンパイルエラー
```

> コンパイルエラー

```
Val cannot be reassigned
```


インスタンスの生成時に初期化し、それ以降変更させたくないプロパティを作る際は、valで定義したほうが予期せぬ変更ができなくなり安全です。

lateinitでプロパティの初期化を遅延する

ここまでの例ではプロパティを定義する際に必ず初期値を記述していました。インスタンスを生成したあとにsetterが呼ばれなかった場合はこの初期値が入った状態になります。ただ、場合によっては初期値を設定せず、処理の中で必ず値を入れさせたい場合もあると思います。その場合は、lateinitを使うことで初期値を設定せずに定義することができます（**リスト2.2.6**）。

リスト2.2.6

```
class User3 {
    lateinit var name: String
}
```

これを遅延初期化プロパティと言います。lateinitは後からプロパティの値を書き換えるため、varでのみ使うことができます。

User3クラスはUser1とほぼ同じですが、nameプロパティから初期値を消し、遅延初期化の対象にしています。lateinitを使った場合、インスタンス生成時の初期化は必要なくなりますが、処理でgetterを呼び出す時点では必ず値が格納されていないと実行時にエラーになります（**リスト2.2.7**）。

リスト2.2.7

```
val user = User3()
println(user.name)
```

> 実行結果

```
Exception in thread "main" kotlin.UninitializedPropertyAccessException: lateinit property name has ↵
not been initialized
```

このエラーはコンパイルでは検出できず、実行時にエラーとして出てしまうのでより注意して扱う必要があります。

拡張プロパティでgetter、setterの処理を拡張する

ここまでプロパティのアクセサメソッドが内部的に生成され、使われていることを説明してきました。しかし、見た目上は直接プロパティにアクセスしているように書かれているため、「アクセサメソッドを生成している意味があるのか？」と思われた方もいるかもしれません。そこで拡張プロパティについて説明します。拡張プロパティは、生成されているプロパティのgetter、setterを拡張し、ただ値の格納と取得だけでなく、独自の処理を記述することができます。

リスト2.2.8を見てください。

リスト2.2.8

```
class User4 {
    lateinit var name: String
    val isValidName: Boolean
        get() = name != ""
}
```

User4クラスでは、isValidNameというプロパティにget() = name != ""という処理が書かれています。これはisValidNameというプロパティに対するget()関数の処理を書き換えており、処理上でisValidNameを取得するときにはこの処理が呼ばれることになります。ここではこのプロパティに値が入ることはなく、名前が有効であるか（空文字でないか）というオブジェクトの状態を判定して取得する処理になっています。そのためプロパティと同じように扱えますが、isValidNameというフィールドは存在していません。

リスト2.2.9ではプロパティを拡張したisValidNameを呼び出し、結果の真偽値を出力しています。

リスト2.2.9

```
val user = User4()
user.name = "Takehata"
println(user.isValidName)
```

>実行結果

```
true
```

また、**リスト2.2.10**のようにset(value)の処理を実装することで、setterを拡張することもできます。valueはsetterに渡される値を表しています。慣例としてvalueという名前を使うことが多いですが、他の任意の名前を使うこともできます。

リスト2.2.10

```
class User5 {
    var name: String = ""
        set(value) {
            if (value == "") {
                field = "Kotlin"
            } else {
                field = value
            }
        }
}
```

これまで紹介してきたUserクラスと同じくnameというプロパティを持っていますが、setterを拡張して値を受け取った時点で引数をチェックし、空文字だった場合はKotlinという文字列を設定しています。実行すると**リスト2.2.11**のようになります。

リスト2.2.11

```
val user = User5()
user.name = ""
println(user.name)
user.name = "Takehata"
println(user.name)
```

> 実行結果

```
Kotlin
Takehata
```

空文字だった場合はKotlinが表示され、空文字でなかった場合は引数で受け取った値が出力されています。前述のgetterを拡張したプロパティでは「フィールドは存在しない」と書きましたが、このnameのカスタムsetterのように値を保持する必要がある場合、fieldという識別子を使用します。field識別子を使用してカスタムアクセサが処理をした際、値を格納するバッキングフィールド[注1]が生成され、そちらを介して値の格納と取得をしています。

注1　外部からは見えない、プロパティの値を保持するためのフィールド。

3　データクラスでボイラープレートを減らせる

前項でプロパティについて説明しましたが、データオブジェクトなどを作る際はアクセサメソッドだけでなく、オブジェクト比較のためのequals関数、hashCode関数、オブジェクトを文字列出力する際に使用するtoString関数などを実装することがあります。こういったプロパティに基づいて作られるボイラープレートも、Kotlinではデータクラスを使うことで減らすことができます。

Kotlinのオブジェクトの比較

データクラスの実装の前に、Kotlinのオブジェクトの比較について説明します。

Kotlinのクラスはすべて必ずAnyというクラスを継承して作られます。これは明示的な記述をする必要はなく、言語仕様で自動的に継承されています。そのAnyクラスには次の3つの関数が定義されています。

- toString……オブジェクトを文字列として出力する変換処理
- hashCode……オブジェクトのハッシュコードを取得する処理
- equals……オブジェクトの比較をする処理

==演算子でオブジェクトを比較した際、内部的にはこのequals関数が呼び出されています。hashCodeはHashSetクラスでの比較処理に使用されます。HashSetクラスのcontains関数を呼び出した際、まずhashCode関数の結果が同一か否かを判定をし、そのあとにequals関数での比較が実行されます。

しかし、これらの比較はデフォルトの状態では機能しません。例えば**リスト2.3.1**のようにプロパティを定義したクラスがあります。

リスト2.3.1

```
class User6 {
    val id: Int = 1
    val name = "Kotlin"
}
```

このクラスから**リスト2.3.2**のように2つのインスタンスを生成し比較すると、次のような結果になります。

リスト2.3.2

```
val userA = User6()
val userB = User6()

// toString関数の結果
println(userA.toString())
```

```
println(userB.toString())

// hashCode関数の結果
println(userA.hashCode())
println(userB.hashCode())

// equals関数での比較
println(userA == userB)

// hashCode関数、equals関数での比較
val set = hashSetOf(userA)
println(set.contains(userB))
```

> 実行結果

```
User6@2752f6e2
User6@e580929
659748578
240650537
false
false
```

userA、userBともにそれぞれインスタンスを生成しただけの状態のため、プロパティに設定されている値は同じになります。しかしこの2つのオブジェクトのtoStringとhashCodeの結果は違う値になります。また、== 演算子での比較やHashSetクラスのcontains関数を実行すると、falseが返却されます。

toStringではクラス名とオブジェクトの参照先のハッシュ値が出力されています。これはオブジェクトの情報が格納されているメモリ上の場所を表しているようなものと思っていただいて大丈夫です。

またhashCodeの結果もそれぞれバラバラの値が出力され、userAをHashSetに入れてcontains関数にuserBを渡して検索しても、falseが返却されます。

このようにオブジェクトの比較や文字列での出力をできるようにするには、各クラスでtoString、hashCode、equalsをオーバーライドする必要があります。例えば**リスト2.3.3**のような形です。

リスト2.3.3

```
class User6 {
    val id: Int = 1
    val name = "Kotlin"

    override fun equals(other: Any?): Boolean {
        if (this === other) return true
        if (javaClass != other?.javaClass) return false

        other as User6

        if (id != other.id) return false
        if (name != other.name) return false
```

```
        return true
    }

    override fun hashCode(): Int {
        return 31 * name.hashCode() + id
    }

    override fun toString(): String {
        return "User6(id=$id, name=$name)"
    }
}
```

toStringはクラス名とプロパティの値を表示するように書き換え、hashCodeはプロパティの値を使用して計算する形に書き換えています。ここではhashCodeの処理はnameプロパティのhashCode（Stringクラスのhash Code）の結果に31（数字は任意）を掛け合わせ、idの数値を足した結果を返していますが、オブジェクトを一意に表せる値が返せればなんでも問題ありません。

そしてequals関数では、

① ===演算子でオブジェクトの参照元を比較し一致すればtrueを返却（同じオブジェクトを参照しているため）

② それぞれのオブジェクトの型を比較

③ 引数で受け取ったオブジェクトを自身の型にキャスト

④ 各プロパティの値をそれぞれ比較し、一致しなければfalseを返却

⑤ すべてのプロパティの値が一致すればtrueを返却

という処理を実行し、同じ型のオブジェクトで同じ値を持っていれば同一オブジェクト、という判定にしています。

各関数をオーバーライドしたUser6クラスに対して**リスト2.3.2**の処理を実行すると、**リスト2.3.4**のような結果になります。

リスト2.3.4

> 実行結果

```
User6(id=1, name=Kotlin)
User6(id=1, name=Kotlin)
true
1131585280
1131585280
true
```

toString、hashCodeはそれぞれ同一の値を出力するようになり、==演算子やHashSetのcontains関数での比較もtrueを返却するようになっています。

しかし、これらの処理はプロパティの値を元に同じルールで記述でき、すべてのクラスで書いていくとボイラープレートになります。そこで、データクラスを使用することでシンプルな記述にすることができます。

データクラスの定義

データクラスは**リスト2.3.5**のように定義します。

リスト2.3.5

```
data class User7(val id: Int, var name: String)
```

クラス名の前にdata classと付けて定義し、コンストラクタにプロパティを記述します。これだけでそれぞれのプロパティのフィールドと、それに対する以下の関数を推論します。

- アクセサメソッド（valで定義した場合はgetterのみ）
- equals
- hashCode
- toString
- componentN
- copy

アクセサメソッドはプロパティの項で説明したものと同様です。データクラスでは、さらにプロパティの値からequals、hashCode、toString関数も推論してオーバーライドしてくれます。さらにcomponentN（Nは関数名に数値が入る）、copyという便利な関数も生成してくれます。

ここからそれぞれの関数について、説明していきます。

アクセサメソッド

アクセサメソッドは前項で説明したプロパティと同様にvalで定義するとsetterのみ、varで定義するとsetterとgetter両方が生成され、使い方としても同様になります（**リスト2.3.6**）。違いとしては、データクラスはコンストラクタを定義することが必須のため、インスタンスの生成時にも値を渡す必要があります。

リスト2.3.6

```
val user = User7(1, "Takehata")
user.name = "Kotlin"
println(user.name)
```

> 実行結果

```
Kotlin
```

equals

リスト2.3.7のように同じプロパティの値を持ったUser7クラスのインスタンス（user、same）と違う値を持ったインスタンス（other）を生成し、==演算子で比較しましす。

リスト2.3.7

```
val user = User7(1, "Takehata")
val same = User7(1, "Takehata")
val other = User7(2, "Takehata")

println(user == same)
println(user == other)
```

> 実行結果

```
true
false
```

同じ値を持ったsameとの比較はtrueを返却し、違う値を持ったotherとの比較ではfalseを返却しています。

hashCode

hashCode関数は、**リスト2.3.8**のように実行し、次のような結果になります。

リスト2.3.8

```
val user = User7(1, "Takehata")
val same = User7(1, "Takehata")
val other = User7(2, "Takehata")

println("user=${user.hashCode()}")
println("same=${same.hashCode()}")
println("other=${other.hashCode()}")

val set = hashSetOf(user)
```

```
println(set.contains(same))
println(set.contains(other))
```

> 実行結果

```
user=-579486100
same=-579486100
other=-579486069
true
false
```


同じプロパティの値を持っているuserとsameは同じ値を返却し、違う値を持ったotherは違う結果を返却します。

toString

toString関数は、**リスト2.3.9**のように実行すると、クラス名(プロパティ名=値, ...)の形式で出力されます。

リスト2.3.9

```
val user = User7(1, "Takehata")
println(user.toString())
```

> 実行結果

```
User7(id=1, name=Takehata)
```

componentN

componentN関数は、順番を指定してプロパティの値を取得したい場合に使用します。Nの部分にはプロパティの順番の数値が入ります。例えば**リスト2.3.10**のように実行します。

リスト2.3.10

```
val user = User7(1, "Takehata")
println(user.component1())
println(user.component2())
```

> 実行結果

```
1
Takehata
```

ここでは、component1を実行することで1番目のプロパティであるidの値、component2で2番目のプロパティであるnameの値を取得しています。

copy

最後にcopy関数です。copy関数は、dataクラスのインスタンスから値をコピーし、新しいインスタンスを作ることができます。その際、任意のプロパティの値を変更することが可能です。**リスト2.3.11**では、userからnameをKotlinに変更したupdatedを生成しています。

リスト2.3.11

```
val user = User7(1, "Takehata")
val updated = user.copy(1, "Kotlin")
println(updated.toString())
```

> 実行結果

```
User7(id=1, name=Kotlin)
```

データクラスで拡張プロパティを使う

データクラスにも拡張プロパティを持たせることが可能です。**リスト2.3.12**では、前述のUser4クラスで実装していたものと同様に、isValidNameという拡張プロパティを追加しています。

リスト2.3.12

```
data class User7(val id: Int, var name: String) {
    val isValidName: Boolean
        get() = name != ""
}
```

4 デフォルト引数と名前付き引数で関数呼び出しをシンプルにできる

デフォルト引数

Kotlinでは、関数にデフォルト引数を設定することができます。デフォルト引数は、呼び出し時に引数が省略された際にデフォルトで使用される値です。**リスト2.4.1**を見てください。

リスト2.4.1

```
fun printUserInfo(id: Int, name: String = "Default Name") {
    println("id=$id name=$name")
}
```


printUserInfo関数の引数nameには、"Default Name"というデフォルト引数が設定されています。この引数を省略して**リスト2.4.2**のように実行すると、次の結果になります。

リスト2.4.2

```
printUserInfo(1)
```

> 実行結果

```
id=1 name=Default Name
```

ここでは引数idの数値のみを渡し実行しています。そして省略されたnameには、"Default Name"が入り出力されています。**リスト2.4.3**のように両方の引数を渡した場合は、nameも渡された値が表示されます。

リスト2.4.3

```
printUserInfo(1, "Takehata")
```

> 実行結果

```
id=1 name=Takehata
```

また、デフォルト引数はコンストラクタにも設定できます。例えば、**リスト2.4.4**のようにデータクラスへデフォルト引数を指定します。

リスト2.4.4

```
data class User8(val id: Int, val name: String = "Default Name")
```

そして関数の呼び出し同様、デフォルト引数が設定されている引数を省略し、データクラスのインスタンスを生成することができます（**リスト2.4.5**）。

リスト2.4.5

```
val user = User8(1)
println(user.toString())
```

> 実行結果

```
User8(id=1, name=Default Name)
```

名前付き引数

名前付き引数を使うことで、任意の引数にだけ値を渡して関数やコンストラクタを呼び出すことが可能になります。例えば、**リスト2.4.6**のようなデータクラスがあります。

リスト2.4.6

```
data class User9(val id: Int, val name: String = "Default Name", val age: Int)
```

このデータクラスは、3つの引数の中で2番目にあるnameだけにデフォルト引数が設定されています。このnameだけを省略し呼び出したいとき、**リスト2.4.7**のような書き方ができます。

リスト2.4.7

```
val user = User9(id = 1, age = 30)
println(user.toString())
```

> 実行結果

```
User9(id=1, name=Default Name, age=30)
```

`プロパティ名 = 値`という形式で指定することで、特定の引数にのみ値を渡すことができます。この例では、idとageにのみ名前付き引数で値を渡し、nameはデフォルト引数を使用しています。この例では結果がわかりやすいようにデフォルト引数に特定の文字列を設定していますが、例えば省略した場合はnullや空文字、Intであれば0を入れるなど、状態によって不要になるプロパティを持たせたい場合などで使うととても便利です。

5 関数型と高階関数、タイプエイリアスでロジックを再利用しやすくできる

Kotlinには関数型が存在します。ここでは、基本的な関数型の機能と使い方を紹介します。

関数型の定義と関数リテラル

まずは関数型の変数を定義してみます。**リスト2.5.1**を見てください。

リスト2.5.1

```
val calc: (Int, Int) -> Int = { num1: Int, num2: Int -> num1 + num2 }
```

変数calcに、型として(Int, Int) -> Intを指定しています。これは「Int型の引数を2つ受け取りInt型の戻り値を返す」という**関数型**を定義しています。**(引数...) -> 戻り値の型**という構文になります。戻り値がない場合はUnitを戻り値の型に指定します。そしてcalcに代入している値が{ num1: Int, num2: Int -> num1 + num2 }になります。変数の型にある「Intの引数を2つ受け取りIntの戻り値を返す」処理の実装を表しています。このように関数を値として記述するものを、**関数リテラル**と言います。

関数リテラルは書き方が2種類あり、この{}で括った中で引数と処理を記述する方式を「ラムダ式」と言います。ここでは受け取った2つのInt型の引数を足し算した結果を返却しています。そしてこのcalcを使用すると**リスト2.5.2**のような実装ができます。

リスト2.5.2

```
val calc: (Int, Int) -> Int = { num1: Int, num2: Int -> num1 + num2 }
println(calc(10, 5))
```

> 実行結果

```
15
```

定義した変数calcに2つの数値を渡すことで、足し算した結果を返してくれているのがわかります。これが関数型の基本的な挙動です。また、関数リテラルでは型推論が働き、**リスト2.5.3**のように型を省略して書くこともできます。

リスト2.5.3

```
val calc: (Int, Int) -> Int = { num1, num2 -> num1 + num2 }
```

さらに、引数が1つしかない場合は引数の名前も省略できます。この場合、引数は暗黙的にitという名前で扱われることになります。**リスト2.5.4**では、1つのInt型の引数を受け取り、itという名前の変数を掛け合わせて二乗した結果を返しています。

リスト2.5.4

```
val squared: (Int) -> Int = { it * it }
```

また、関数リテラルのもう一つの書き方として「無名関数」があります。**リスト2.5.5**のように、通常の関数定義から名前の部分だけを消したような形で書くことができます。

リスト2.5.5

```
val squared: (Int) -> Int = fun(num: Int): Int { return num * num }
```

基本的にはシンプルに記述できるラムダ式を使用することが多いですが、戻り値の型を明示的に記述する必要がある場合などは、こちらを使うこともあります。

高階関数

高階関数は、関数型のオブジェクトを引数に受け取る関数のことです。**リスト2.5.6**を見てください。

リスト2.5.6

```
fun printCalcResult(num1: Int, num2: Int, calc: (Int, Int) -> Int) {
    val result = calc(num1, num2)
    println(result)
}
```

printCalcResult関数は2つのInt型、そして前述のcalc関数と同様「Intの引数を2つ受け取りIntの戻り値を返す」関数型の引数を受け取っています。そして受け取った2つの数値（num1、num2）を関数型の引数calcに渡し、返された結果を出力しています。この関数は**リスト2.5.7**のように実行します。

リスト2.5.7

```
printCalcResult(10, 20, { num1, num2 -> num1 + num2 })
printCalcResult(10, 20, { num1, num2 -> num1 * num2 })
```

>実行結果

```
30
200
```

いずれも10と20という数値を渡していますが、1回目の呼び出しでは足し算、2回目の呼び出しでは掛け算の結果を返す関数リテラルを渡し、それぞれの結果を出力しています。このように、同じ関数の中でも引数に渡す関数リテラルによって一部の処理を変えることができます。通常ならprintCalc関数を足し算、掛け算それぞれで用意しなければならないところを、1つの関数を再利用することで実装できています。

リスト2.5.8のように、呼び出し元の関数によって渡す関数リテラルを変えることもできます。

リスト2.5.8

```
fun printAddtionResult(x: Int, y: Int) {
    println("足し算の結果を表示します")
    printCalcResult(x, y, { num1, num2 -> num1 + num2 })
}

fun printMultiplicationResult(x: Int, y: Int) {
    println("掛け算の結果を表示します")
    printCalcResult(x, y, { num1, num2 -> num1 * num2 })
}
```


このくらいの処理であればそれぞれ関数の中で計算処理を直接書いてしまっても良いかもしれませんが、関数の中で同じ引数を扱う一部のロジックを柔軟に扱えるようにしたいときなどに、高階関数は力を発揮します。

また、一番後ろの引数に関数リテラルを渡す場合は、**リスト2.5.9**のように()の外に記述することができます。

リスト2.5.9

```
printCalcResult(10, 20) { num1, num2 ->
    num1 + num2
}
```

特に処理の記述が複数行に渡る場合などは読みやすくなるため、こちらの書き方のほうが推奨されています。

タイプエイリアス

変数や引数に関数型を定義する書き方を説明してきましたが、`(Int, Int) -> Int`といった関数型を複数の箇所で使いまわしたくなる場合があると思います。そういったときはタイプエイリアスを使い、名前を付けておくことができます。**リスト2.5.10**のように定義します。

リスト2.5.10

```
typealias Calc = (Int, Int) -> Int
```

`typealias 名前 = 関数型の定義`の形式で記述します。ここで付けた名前を、型として扱うことができます。これを使うことで、前述の`printCalcResult`関数を**リスト2.5.11**のように書くことができます。

リスト2.5.11

```
fun printCalcResult(num1: Int, num2: Int, calc: Calc) {
    val result = calc(num1, num2)
    println(result)
}
```

これで同様の関数型を使いたくなった場合もこのCalcを参照すれば使い回せるようになりました。また、引数の記述もスッキリさせることができました。

6 拡張関数で柔軟にロジックを追加できる

Kotlinには拡張関数の機能があります。これは既存のクラスに対して、関数を追加したかのように処理を記述できる機能です。例えばIntの数値に対して二乗した値を返却する関数を作りたい場合、通常の関数で実装すると**リスト2.6.1**のようになります。

リスト2.6.1

```
fun square(num: Int): Int = num * num

fun main() {
    println(square(2))
}
```

> 実行結果

```
4
```

これを拡張関数を使用し、Intクラス自体に自身を二乗した値を返却する関数を追加するような形にできます。**リスト2.6.2**のような書き方になります。

リスト2.6.2

```
fun Int.square(): Int = this * this

fun main() {
    println(2.square())
}
```

> 実行結果

```
4
```

拡張関数の定義は`fun クラスの型 関数名`と記述し、そのあとの書き方は通常の関数と同じです。thisを使用することで、拡張関数を実行しているクラス自身（**リスト2.6.2**の場合はIntの2）を参照できます。そして関数の呼び出し側も、値を関数の引数として渡すのではなく、Intが持つ関数のように呼び出すことができます。

拡張関数のスコープも通常の関数と同様のため、例えばトップレベルの関数として記述し、他のパッケージからimportして使用することもできます。また、もし特定のクラス内でのみ使用したい拡張関数を追加する場合などは、privateなどの修飾子を付けることでスコープを絞ることもできます。

7　スコープ関数でオブジェクトへの処理をシンプルにできる

Kotlinには「スコープ関数」という機能が用意されており、これを使うことでオブジェクトに対しての処理を効率的に記述できます。以下のような種類があるので、順番に説明していきます。

- with
- run
- let
- apply
- also

with――複数の処理をまとめて行う

withは、あるオブジェクトに対して複数の処理をまとめて行いたい場合に使用します。例えば、**リスト2.7.1**のような処理があります。

リスト2.7.1

```
val list = mutableListOf<Int>()
for (i in 1..10) {
    if (i % 2 == 1) list.add(i)
}
val oddNumbers = list.joinToString(separator = " ")
println(oddNumbers)
```

> 実行結果

```
1 3 5 7 9
```

この処理では、MutableListのインスタンスlistを生成し、1〜10の間に含まれる奇数の数値をfor文の中でadd関数で追加し、最後にjoinToString関数で結合した文字列を変数oddNumbersに代入し、出力しています。joinToString関数は、Listなどのコレクションの要素を、指定の文字列を区切り文字とした文字列に変換する関数です。ここではseparator = " "で半角スペースを指定し、listの要素（奇数の値）を半角スペース区切りの文字列に変換しています。

これを、withを使うことで**リスト2.7.2**のように書き換えることができます。

リスト2.7.2

```
val oddNumbers = with(mutableListOf<Int>()) {
    for (i in 1..10) {
        if (i % 2 == 1) this.add(i)
    }
    this.joinToString(separator = " ")
}
println(oddNumbers)
```

> 実行結果

```
1 3 5 7 9
```

withは第1引数にレシーバとなるオブジェクト[注2]、第2引数としてレシーバのオブジェクトを処理し任意の型を返す関数を渡します。この例でいうとMutableListのインスタンスがレシーバ、後ろに続くコードブロックがレシーバを処理する関数になります。関数の中では、レシーバに対してthisでアクセスすることができます。このwith関数の中ではMutableListに対してaddの処理を実行し、最後の行のjoinToStringの結果を戻り値として返しています。

また、このthisは省略できるため、**リスト2.7.3**のように書くこともできます。

リスト2.7.3

```
val oddNumbers = with(mutableListOf<Int>()) {
    for (i in 1..10) {
        if (i % 2 == 1) add(i)
    }
    joinToString(separator = " ")
}
println(oddNumbers)
```

注2　スコープ関数を実行する対象のオブジェクトのことをレシーバオブジェクトと言います。

run——Nullableなオブジェクトに複数の処理をまとめて行う

runはwithと似ていますが、こちらはレシーバオブジェクトを引数に取るのではなく、レシーバオブジェクトに対しての拡張関数として処理を実装します。**リスト2.7.4**を見てください。

リスト2.7.4

```
val oddNumbers = mutableListOf<Int>().run {
    for (i in 1..10) {
        if (i % 2 == 1) this.add(i)
    }
    this.joinToString(separator = " ")
}
println(oddNumbers)
```

生成したMutableListのインスタンスに対し、`.run {関数の処理}`という形で実装しています。withと同様に、thisを省略することも可能です。withより便利な点として、Nullableなオブジェクトを扱う場合の書き方になります。**リスト2.7.5**のように、安全呼び出しと組み合わせて実行すると、レシーバに値が入っている場合のみ処理を実行し、そうでない場合はnullを返却する、といった処理が可能になります。

リスト2.7.5

```
data class User(var name: String)
fun getUserString(user: User?, newName: String): String? {
    return user?.run {
        name = newName
        toString()
    }
}
```

let——Nullableなオブジェクトに名前を付けて処理を行う

letはrun、withとは異なりレシーバのオブジェクトに対してthisではなく、名前を付けて扱うことができます。例えば、**リスト2.7.4**のrunの処理は**リスト2.7.6**のように書き換えることもできます。

リスト2.7.6

```
val oddNumbers = mutableListOf<Int>().let { list ->
    for (i in 1..10) {
        if (i % 2 == 1) list.add(i)
    }
    list.joinToString(separator = " ")
}
println(oddNumbers)
```

list ->で名前を付け、関数内の処理ではlistという名前でレシーバのオブジェクトを扱っています。ただ、この書き方ではlist.という冗長な記述が増えてしまうため、runを使ってthisを省略した書き方のほうが良いでしょう。letでよく使うのは、**リスト2.7.7**のようにNullableのオブジェクトに対して処理を実行するパターンです。

リスト2.7.7

```
data class User(val name: String)

fun createUser(name: String?): User? {
    return name?.let { n -> User(n) }
}
```

createUser関数では、引数のnameがnullでなかった場合のみUserのインスタンスを生成して返却する処理になっています。**リスト2.7.8**のように実行し、次の結果になります。

リスト2.7.8

```
println(createUser("Takehata"))
println(createUser(null))
```

> 実行結果

```
User(name=Takehata)
null
```

これをスコープ関数を使わずに記述すると、**リスト2.7.9**のようなif文を使った書き方になります。

リスト2.7.9

```
fun createUser(name: String?): User? {
    return if (name != null)  User(name) else null
}
```

このif (hoge != null)……という処理が出てきたところは、letのよく使われる場面です。また、letは名前を省略することで、**リスト2.7.10**のようにitという暗黙の名前でレシーバを扱うことができます。

リスト2.7.10

```
fun createUser(name: String?): User? {
    return name?.let { User(it) }
}
```

itという名前はこの後も同じような暗黙の名前として扱う処理のときによく出てきます。

apply——オブジェクトに変更を加えて返す

applyはここまで紹介してきたwith、run、letとは違い、戻り値としてレシーバオブジェクト自体を返却します。どういうことかというと、例えば**リスト2.7.4**の処理をrunからapplyに置き換えると、**リスト2.7.11**のような結果になります。

リスト2.7.11

```
val oddNumbers = mutableListOf<Int>().apply {
    for (i in 1..10) {
        if (i % 2 == 1) this.add(i)
    }
    this.joinToString(separator = " ")
}
println(oddNumbers)
```

> 実行結果

```
[1, 3, 5, 7, 9]
```

with、run、letでは最後に実行したjoinToStringの結果が返されていましたが、applyの場合はレシーバオブジェクトであるMutableListのインスタンスそのものが返却されます。変数oddNumbersは半角スペース区切りの文字列ではなく、MutableListのオブジェクトのため、[]で囲われたカンマ区切りで要素の値が出力されています。これは、レシーバオブジェクト自身に対して値の変更などの処理を行い、処理後の状態で返却したいときに使用します。**リスト2.7.12**を見てください。

リスト2.7.12

```
data class User(val id: Int, var name: String, var address: String)

fun getUser(id: Int): User {
    return User(id, "Takehata", "Tokyo")
}
fun updateUser(id: Int, newName: String, newAddress: String) {
    val user = getUser(id).apply {
        this.name = newName
        this.address = newAddress
    }
    println(user)
}
```

getUser関数は引数で受け取ったidと、固定値のname、addressを返却するだけの関数です（実際のシステムではユーザー情報の取得処理が入るところを、説明のために擬似的に作った関数と考えてください）。

updateUser関数の中では、getUserの戻り値のUserオブジェクトに対してapplyで処理を記述しています。applyはwithやrunと同様thisでレシーバオブジェクトにアクセスできます。ここではgetUserの戻り値のUserオブジェクトのname、addressを引数で受け取った値で更新しています。そして前述のとおりapplyはレシーバオブジェクト自体を返却します。この処理で言うと、getUserの戻り値に引数のnewName、newAddressの値を反映したUserオブジェクトが返却されます。**リスト2.7.13**のように実行すると、次の結果になります。

リスト2.7.13

```
updateUser(100, "Kotlin", "Nagoya")
```

> 実行結果

```
User(id=100, name=Kotlin, address=Nagoya)
```

このように、dataクラスのようなプロパティを持ったオブジェクトに対して変更を加えて返却する、といった処理を書くときに役立ちます。また、withやrunと同様にthisを省略して記述することも可能です（**リスト2.7.14**）。

リスト2.7.14

```
fun updateUser(id: Int, newName: String, newAddress: String) {
    val user = getUser(id).apply {
        name = newName
        address = newAddress
    }
    println(user)
}
```

ただし、この場合は注意が必要です。仮に**リスト2.7.15**のように、プロパティと同じ名前のローカル変数が定義された場合、レシーバオブジェクトへの値の変更がされなくなってしまいます。

リスト2.7.15

```
fun updateUser(id: Int, newName: String, newAddress: String) {
    var name = ""
    val user = getUser(id).apply {
        name = newName
        address = newAddress
    }
```

```
    println(user)
}
```

　ここではapplyの中でアクセスしているnameがローカル変数で定義されているnameを扱ってしまい、値の代入もそちらへされてしまうためです。**リスト2.7.16**のように実行すると、次の結果になります。

リスト2.7.16

```
updateUser(100, "Kotlin", "Nagoya")
```

> 実行結果

```
User(id=100, name=Takehata, address=Nagoya)
```

　addressの値は変更されていますが、nameはgetUser関数で初期化した値のままです。必ずthisを付けていれば発生しませんが、この危険性があるため、こういった処理には次に紹介するalsoを使うことも多いです。

also——オブジェクトに変更を加えて返す（名前を付けて扱う）

　alsoはapplyと同様にレシーバオブジェクト自体を返却するスコープ関数ですが、letと同じように名前を付けて扱うことができます。applyで記述していた**リスト2.7.14**を、alsoを使って書き換えると**リスト2.7.17**のようになります。

リスト2.7.17

```
fun updateUser(id: Int, newName: String, newAddress: String) {
    val user = getUser(id).also { u ->
        u.name = newName
        u.address = newAddress
    }
    println(user)
}
```

　レシーバオブジェクトであるUserクラスのインスタンスに、uという名前を付けて扱っています。また、alsoも名前を省略することで**リスト2.7.18**のようにitという暗黙の名前で扱うことができます。

リスト2.7.18

```
fun updateUser(id: Int, newName: String, newAddress: String) {
    val user = getUser(id).also {
        it.name = newName
```

```
        it.address = newAddress
    }
    println(user)
}
```

applyでのthisと違い省略はできないため、確実にレシーバオブジェクト内のプロパティを扱うことができ、前述の同じ名前のローカル変数が定義された場合の問題も発生しません。

8 演算子オーバーロードでクラスに対する演算子の処理を実装できる

Kotlinでは演算子オーバーロードという機能によって、演算子（+、-、<>など）を使用した際の処理を実装することができ、独自で作成したクラスに対しても演算子を使用した処理を行うことができます。**リスト2.8.1**を見てください。valueというInt型の値を保持したクラスに対して、+演算子の処理を実装しています。

リスト2.8.1

```
data class Num(val value: Int) {
    operator fun plus(num: Num): Num {
        return Num(value + num.value)
    }
}
```

演算子オーバーロードはoperatorという修飾子を付け、演算子に対応する名前、引数で関数を記述することで実装できます。+演算子のオーバーロードでは、plusという自身と同じ型の値を引数に取る関数を定義します。ここでは引数で受け取ったNumのvalueと自身のvalueを足し合わせた結果の入った、Num型のオブジェクトを返却しています。

この実装をすることにより、**リスト2.8.2**のような呼び出しが可能になります。

リスト2.8.2

```
val num = Num(5) + Num(1)
println(num)
```

> 実行結果

```
Num(value=6)
```

Num型のオブジェクト同士を+で足し算することにより、valueのプロパティを足し算したNumを結果として受け取ることができます。他の四則演算のオーバーロードも、以下の関数を実装することでできます。

- - ……minus
- * ……times
- / ……div

また四則演算だけでなく、比較演算子など様々な演算子をオーバーロードできます。**リスト2.8.3**では、compareToを定義し<>による大小比較の処理を実装しています。**リスト2.8.1**のNumクラスに追加します。

リスト2.8.3

```
operator fun compareTo(num: Num): Int {
    return value.compareTo(num.value)
}
```

compareToは比較に使用される関数で、自身（ここではvalue）より引数の値（ここではnum.value）が大きかった場合は正の整数、小さかった場合は負の整数、同じ場合は0を返します。+のときと同様に、Numのvalueを使用してこのcompareToの処理を呼び出すことで、Numクラスのオブジェクト同士での比較を実現しています。

呼び出しは**リスト2.8.4**のようになります。

リスト2.8.4

```
val greaterThan = Num(5) > Num(1)
val lessThan = Num(5) < Num(1)
println(greaterThan)
println(lessThan)
```

> 実行結果

```
true
false
```

Num同士で<>を使用し、valueの値で比較した結果が返ってきているのがわかります。また、compareToの実装で<=、>=での比較も同様に行えます。

プロパティのgetter、setterもoperatorで定義されている

演算子とは少し違いますが、プロパティの項で紹介したgetter、setterの省略もoperator修飾子を使用して定義されています。**リスト2.8.5**のようになっています。

リスト2.8.5

```
operator fun <V> KProperty0<V>.getValue(
    thisRef: Any?,
    property: KProperty<*>
): V
```

operator修飾子を使い、KProperty0<V>の拡張関数としてgetValueが定義されています。KProperty0はプロパティを表しているインターフェースと思ってください。<V>の部分は型パラメータといって、クラスで使用する型を呼び出し側からパラメータとして指定できるようになります。例えばString型のプロパティを定義した場合はKProperty0<String>となり、その拡張関数としてのgetValueが、プロパティのgetterを呼び出す際に使用されています。詳しくは公式ドキュメント[注3]をご覧ください。

9　デリゲートで冗長な処理を委譲できる

Kotlinでは処理の委譲をシンプルに記述することのできる、デリゲートという機能が用意されています。

クラスの委譲

まずはクラスの委譲について説明します。例えば、**リスト2.9.1**のようなインターフェースと、その実装クラスがあるとします。

リスト2.9.1

```
interface CalculationExecutor {
    val message: String
    fun calc(num1: Int, num2: Int): Int
    fun printStartMessage()
}

class CommonCalculationExecutor(override val message: String = "calc") : CalculationExecutor {
    override fun calc(num1: Int, num2: Int): Int {
        throw IllegalStateException("Not implements calc")
    }
```

注3　https://kotlinlang.org/api/latest/jvm/stdlib/kotlin/get-value.html

```
    override fun printStartMessage() {
        println("start $message")
    }
}
```


CommonCalculationExecutorクラスは、CalculationExecutorの実装クラスの共通処理を保持しています。別の実装クラスとして**リスト2.9.2**があるとします。

リスト2.9.2

```
class AddCalculationExecutor(private val calculationExecutor: CalculationExecutor) : 
CalculationExecutor {
    override val message: String
        get() = calculationExecutor.message

    override fun calc(num1: Int, num2: Int): Int {
        return num1 + num2
    }

    override fun printStartMessage() {
        calculationExecutor.printStartMessage()
    }
}
```

このクラスでは、別のCalculationExecutorの実装クラスをコンストラクタで受け取り、printStartMessageの実装では受け取ったcalculationExecutorのprintStartMessageを呼び出しているだけになります。また、messageプロパティに関しても、オーバーライドしてCalculationExecutorのmessageを呼び出しているだけになります。これはmessageプロパティとprintStartMessage関数の実装をコンストラクタで受け取ったクラスに「委譲している」ということになります。

呼び出し方としては、**リスト2.9.3**のようになります。

リスト2.9.3

```
val executor = AddCalculationExecutor(CommonCalculationExecutor())
executor.printStartMessage()
println(executor.calc(8, 11))
```

> 実行結果

```
start calc
19
```

ここでは共通処理を持っているCommonCalculationExecutorをコンストラクタに渡すことで、messageプロパティとprintStartMessage関数が共通処理の実装を呼び出す形を実現しています。しかし、ただ同じ名前のプロパティや関数を呼び出すだけの処理を書くのは記述量も多く、冗長になります。そこで、Kotlinではデリゲートの機能を使うことで**リスト2.9.4**のように書くことができます。

リスト2.9.4

```
class AddCalculationExecutorDelegate(private val calculationExecutor: CalculationExecutor) : 
CalculationExecutor by calculationExecutor {
    override fun calc(num1: Int, num2: Int): Int {
        return num1 + num2
    }
}
```

AddCalculationExecutorDelegateクラスのように、インターフェースの型の後ろにby 委譲先と書くことで委譲先のオブジェクトが持つ同じ名前のプロパティ、関数に処理が委譲されるようになります。そのため、このクラスで処理を実装する必要があるcalc関数だけオーバーライドし、messageプロパティとprintStartMessage関数は何も書かなくてもcalculationExecutorの処理を呼び出してくれるようになり、記述量をかなり減らすことができました。コンストラクタにはCalculationExecutorインターフェースの型で定義していますが、呼び出す際は移譲したい実装クラス（ここではCommonCalculationExecutorクラス）のインスタンスを渡します。**リスト2.9.5**のように実行することで、**リスト2.9.3**と同様の結果が得られます。

リスト2.9.5

```
val executorDelegate = AddCalculationExecutorDelegate(CommonCalculationExecutor())
executorDelegate.printStartMessage()
println(executorDelegate.calc(8, 11))
```

> 実行結果

```
start calc
19
```

委譲プロパティ

次に、委譲プロパティについて説明します。委譲プロパティは、名前のとおりプロパティの実装を外部へ切り出して委譲する機能です。まず、**リスト2.9.6**を見てください。

リスト2.9.6

```
class Person {
    var name: String = ""
        get() {
            println("nameを取得します")
```

```
            return field
        }
        set(value) {
            println("nameを更新します")
            field = value
        }

    var address: String = ""
        get() {
            println("addressを取得します")
            return field
        }
        set(value) {
            println("addressを更新します")
            field = value
        }
}
```


このPersonクラスでは、name、addressプロパティのgetter、setterそれぞれの処理で実行時にメッセージを出力しています。呼び出す実装は**リスト2.9.7**のようになります。

リスト2.9.7

```
val person = Person()
person.name = "Takehata"
person.address = "Tokyo"
println(person.name)
println(person.address)
```

> 実行結果

```
nameを更新します
addressを更新します
nameを取得します
Takehata
addressを取得します
Tokyo
```

しかし、このような処理を複数のプロパティごとに記述しているのは冗長ですし、他のクラスでも同様の処理を入れようとするとさらに記述量が増えてしまいます。そこで、このメッセージを出力してget、setする処理を外部に切り出し、そちらへ委譲させる形を取ることができます。まず、**リスト2.9.8**のクラスを作成します。

リスト2.9.8

```
class DelegateWithMessage<T> {
    private var value: T? = null

    operator fun getValue(thisRef: Any?, property: KProperty<*>): T {
        println("${property.name}を取得します")
        return value!!
    }
    operator fun setValue(thisRef: Any?, property: KProperty<*>, value: T) {
        println("${property.name}を更新します")
        this.value = value
    }
}
```

DelegateWithMessageクラスは、前述のメッセージを出力する処理を持った委譲先のクラスです。演算子オーバーロードの項の最後に書いたように、getterとsetterの関数はoperatorで定義されています。そのため委譲先となるクラスにもgetValue、setValueにoperator修飾子を付けて定義する必要があります。

KProperty<*>型のpropertyが、委譲元のプロパティの情報を持っており、ここではプロパティ名を取得するためにnameを使用しています。setValueにのみ引数で持っているvalueは、setterで設定される引数の値です。また、この例では使用していませんが、thisRefには委譲元のオブジェクト（ここではリストDelegatePerson型のオブジェクト）への参照が入ります。

そして、**リスト2.9.9**がDelegateWithMessageへ委譲している例になります。

リスト2.9.9

```
class DelegatePerson {
    var name: String by DelegateWithMessage()
    var address: String by DelegateWithMessage()
}
```

クラスの移譲と同様、プロパティ定義の後ろに`by 委譲先`と記述することで実装できます。実行結果は**リスト2.9.7**と同様になります（**リスト2.9.10**）。

リスト2.9.10

```
val delegatePerson = DelegatePerson()
delegatePerson.name = "Takehata"
delegatePerson.address = "Tokyo"
println(delegatePerson.name)
println(delegatePerson.address)
```

＞実行結果

```
nameを更新します
addressを更新します
nameを取得します
Takehata
addressを取得します
Tokyo
```


ちなみにこの例ではどの型にも対応できるよう、委譲先のクラスに型パラメータを使用しています。String型のnameとaddressから移譲して呼び出すことで、Stringが型パラメータとして使用されています。

また、型パラメータを使わず**リスト2.9.11**のようにString型前提のクラスを作ることも可能です。

リスト2.9.11

```
class DelegateWithMessageString {
    private var value: String? = null

    operator fun getValue(thisRef: Any?, property: KProperty<*>): String {
        println("${property.name}を取得します")
        return value!!
    }
    operator fun setValue(thisRef: Any?, property: KProperty<*>, value: String) {
        println("${property.name}を更新します")
        this.value = value
    }
}
```

10 充実したコレクションライブラリでコレクションに対する処理をシンプルにできる

KotlinはList、Map、Setといったコレクションを扱うライブラリがとても充実しています。かなりの数があるので一部に絞ってになりますが、紹介します。ここで紹介するもの以外のコレクションライブラリについても、興味のある方は公式ページ[注4]を読んでみてください。

また、この項では**リスト2.10.1**のデータクラスを使用します。各サンプルコードの中ではこのクラスの説明は書かれていないため、認識の上でご覧ください。

リスト2.10.1

```
data class User(val id: Int, val teamId: Int, val name: String)
```

注4　https://kotlinlang.org/api/latest/jvm/stdlib/kotlin.collections/

forEach――コレクションの要素を順番に処理する

まずはforEachです。他の言語でもよくある機能ですが、コレクションの先頭から順番に要素を取り出して扱うことができます。**リスト2.10.2**のように書きます。

リスト2.10.2

```
val list = listOf(1, 2, 3)
list.forEach { num -> println(num) }
```

> 実行結果

```
1
2
3
```

コレクションオブジェクト.forEachの後ろに、取り出した要素を入れる変数名、実行したい処理を記述します。ここでは取り出した要素をnumという名前の変数として扱い、出力しています。前述のスコープ関数と同じように、コレクションライブラリでも名前を省略し、itという暗黙の名前で扱うこともできます（**リスト2.10.3**）。

リスト2.10.3

```
val list = listOf(1, 2, 3)
list.forEach { println(it) }
```

なお、この後出てくるコレクションライブラリについては、一部を除きこのitを使う形で紹介しますが、名前を付けて扱いたい場合は基本的にはforEachと同じ形式で付けることができます。

map――要素を別の形に変換したListを生成する

mapは、コレクションの要素を別の形に変換したListを生成することができます。例えば**リスト2.10.4**のように書きます。

リスト2.10.4

```
val list = listOf(1, 2, 3)
val idList = list.map { it * 10 }
idList.forEach { println(it) }
```

> 実行結果

```
10
20
30
```


この例では、数値のListに対しmapでそれぞれの値を10倍した値を持ったListを生成しています。mapもforEachと同様にコレクションの要素を先頭から一つずつ取り出し、itとして扱っています。そして変換後の要素の値を作る処理（ここでは値を10倍する）を書いています。

また、別の型のListに変換することもできます。**リスト2.10.5**を見てください。

リスト2.10.5

```
val list = listOf(User(1, 100, "Takehata"), User(2, 200, "Kotlin"))
val idList = list.map { it.id }
idList.forEach { println(it) }
```

> 実行結果

```
1
2
```

Userクラスのオブジェクトを持ったListに対し、mapを使いUserのidのリストへ変換しています。このようにデータクラスの一部のプロパティだけを持ったListを生成したり、数字文字列のListを数値のListに変換したりと、様々な使い方ができます。

filter——条件に該当する要素を抽出する

filterは名前のとおり、コレクションの中から任意の条件に該当する要素のみフィルタリングしたListを生成します。**リスト2.10.6**を見てください。

リスト2.10.6

```
val list = listOf(User(1, 100, "Takehata"), User(2, 200, "Kotlin"), User(3, 100, "Java"))
val filteredList = list.filter { it.teamId == 100 }
filteredList.forEach { println(it) }
```

> 実行結果

```
User(id=1, teamId=100, name=Takehata)
User(id=3, teamId=100, name=Java)
```

ここではUserクラスのListから、teamIdが100の要素のみ抽出したListを生成しています。ラムダ式では要素を使用して抽出したい条件式となる処理を記述し、trueが返却された要素のみ抽出されます。

first、last——条件に該当する先頭、末尾の要素を抽出する

firstは、コレクションの中で先頭の要素、もしくは指定した条件に該当する中で先頭の要素を取得します。同様にlastは、コレクションの中で末尾の要素、もしくは指定した条件に該当する中で末尾の要素を取得します。まずは、**リスト2.10.7**を見てください。

リスト2.10.7

```
val list = listOf(User(1, 100, "Takehata"), User(2, 200, "Kotlin"), User(3, 100, "Java"), User(4, ↗
200, "Groovy"))
println(list.first())
println(list.last())
```

> 実行結果

```
User(id=1, teamId=100, name=Takehata)
User(id=4, teamId=200, name=Groovy)
```

UserのListに対してfirst、lastを引数なしで実行すると、それぞれリスト内の先頭、末尾の要素を取り出して出力されています。引数に条件式を書いたラムダ式を渡すことで、該当する要素の中で先頭、末尾の要素を取得することもできます。**リスト2.10.8**では、teamIdが200に該当する中で先頭の要素、100に該当する中で末尾の要素を取得しています。

リスト2.10.8

```
println(list.first { it.teamId == 200 })
println(list.last { it.teamId == 100 })
```

> 実行結果

```
User(id=2, teamId=200, name=Kotlin)
User(id=3, teamId=100, name=Java)
```

ラムダ式の書き方はfilterと同様で、式がtrueを返却した要素の中で先頭、末尾のものを取得します。

firstOrNull、lastOrNull——条件に該当する先頭、末尾の要素を抽出する（該当しない場合はnullを返す）

firstOrNull、lastOrNullはfirst、lastと同様に条件式に該当する中で先頭、末尾の要素を取得しますが、こちらは該当する要素がなかった場合にnullを返却します。**リスト2.10.9**を見てください。

リスト2.10.9

```
val list = listOf(User(1, 100, "Takehata"), User(2, 200, "Kotlin"), User(3, 100, "Java"), User(4, 
200, "Groovy"))
println(list.firstOrNull { it.teamId == 200 })
println(list.lastOrNull { it.teamId == 100 })
println(list.firstOrNull { it.teamId == 1000 })
println(list.lastOrNull { it.teamId == 1000 })
```

> 実行結果

```
User(id=2, teamId=200, name=Kotlin)
User(id=3, teamId=100, name=Java)
null
null
```

teamId == 1000に該当する要素は存在しないため、それぞれnullを返却しています。

distinct——重複を排除したListを生成する

distinctはコレクションに対して、重複を排除したListを生成します。**リスト2.10.10**を見てください。

リスト2.10.10

```
val list = listOf(1, 1, 2, 3, 4, 4, 5)
val distinctList = list.distinct()
distinctList.forEach { println(it) }
```

> 実行結果

```
1
2
3
4
5
```

distinctListは、2つずつ要素を持っていた1、4の重複が排除されたListになっています。

associateBy、associateWith ——コレクションからMapを生成する

associateByは、コレクションに対し任意の値をkeyに、コレクションの要素をvalueとしたMapを生成することができます。**リスト2.10.11**を見てください。

リスト2.10.11

```
val list = listOf(User(1, 100, "Takehata"), User(2, 200, "Kotlin"), User(3, 100, "Java"))
val map = list.associateBy { it.id }
println(map)
// mapの各要素をidをキーに取得し出力
list.forEach { println(map[it.id]) }
```

> 実行結果

```
{1=User(id=1, teamId=100, name=Takehata), 2=User(id=2, teamId=200, name=Kotlin), 3=User(id=3, teamId=
100, name=Java)}
User(id=1, teamId=100, name=Takehata)
User(id=2, teamId=200, name=Kotlin)
User(id=3, teamId=100, name=Java)
```

ラムダ式の中にはkeyにしたい値を生成する処理を記述します。ここではUserクラスのListに対し、idをkey、UserオブジェクトをvalueとしたMapを生成するため、idを返却する処理を記述しています。keyに対応するvalueは、その要素自身（itでアクセスしているオブジェクト）になります。idの型はIntのため、この処理の変数mapの型はMap<Int, User>になります。

associateWithはassociateByと似ていて、こちらはコレクションに対し要素をkeyに、任意の値をvalueとしたMapを生成することができます。**リスト2.10.12**を見てください。

リスト2.10.12

```
val list = listOf("Takehata", "Kotlin", "Java")
val map = list.associateWith { it.length }
println(map)
// mapの各要素を文字列をキーに取得し出力
list.forEach { println(map[it]) }
```

> 実行結果

```
{Takehata=8, Kotlin=6, Java=4}
8
6
4
```

ラムダ式の中にはvalueにしたい値を生成する処理を記述します。ここでは文字列のListに対し、その文字列自身をkey、lengthで取得した文字列長の数値をvalueとしたMapを生成するため、lengthの値を取得する処理を記述しています。この処理の変数mapの型はMap<String, Int>になります。

groupBy——keyごとに要素をまとめたMapを生成する

groupByは同一のkeyごとにまとめた要素のListをvalueとしたMapを生成することができます。**リスト2.10.13**を見てください。

リスト2.10.13

```
val list = listOf(User(1, 100, "Takehata"), User(2, 200, "Kotlin"), User(3, 100, "Java"), User(4, 
200, "Groovy"))
val map = list.groupBy { it.teamId }
println(map)
println(map[100])
println(map[200])
```

> 実行結果

```
{100=[User(id=1, teamId=100, name=Takehata), User(id=3, teamId=100, name=Java)], 200=[User(id=2, 
teamId=200, name=Kotlin), User(id=4, teamId=200, name=Groovy)]}
[User(id=1, teamId=100, name=Takehata), User(id=3, teamId=100, name=Java)]
[User(id=2, teamId=200, name=Kotlin), User(id=4, teamId=200, name=Groovy)]
```

associateByと同様で、keyにしたい値を取得する処理をラムダ式に記述します。そしてgroupByは同一keyになる要素をまとめたListがvalueに入ります。ここではteamIdをkeyとしているため、100、200というteamIdそれぞれに該当する要素のListがvalueとなっています。変数mapの型はMap<Int, List<User>>になります。

count——条件に該当する要素の件数を取得する

countは条件を指定し、該当する要素の件数を取得することができます。**リスト2.10.14**を見てください。

リスト2.10.14

```
val list = listOf(1, 2, 3, 4, 5)
val oddNumberCount = list.count { it % 2 == 1 }
println(oddNumberCount)
```

> 実行結果

```
3
```

ラムダ式で要素が奇数の場合にtrueになる条件式を指定し、この場合は1、3、5の3つが該当するため、3を返却しています。条件式の書き方は前述のfilterと同じで、filterで生成したListの要素数を返してくれているような結果になります。

chunked——指定の要素数ごとに分割したListを生成する

chunkedは指定の要素数ごとに分割したListを要素とした、Listを生成することができます。**リスト2.10.15**を見てください。

リスト2.10.15

```
val list = listOf("Takehata", "Kotlin", "Java", "Groovy", "Scala")
val chunkedList = list.chunked(2)
println(chunkedList)
chunkedList.forEach { println(it) }
```

> 実行結果

```
[[Takehata, Kotlin], [Java, Groovy], [Scala]]
[Takehata, Kotlin]
[Java, Groovy]
[Scala]
```

5つの要素を持ったListに対して、2という数値をパラメータとしてchunkedを実行します。結果の生成されたListを出力すると、元のListの要素を2つずつ入れたListを要素としたListになっていることがわかります。末尾の要素は数が満たないため、1つだけの要素のListになっています。

このようにコレクションをある要素数ごとのListに分割したい場合に使用できます。

reduce——要素を畳み込む

reduceはコレクションの要素の「畳み込み」と言われる処理を実現します。畳み込みは簡単に言うと、ある処理を要素の値に累積的に適用していき、一つの値にまとめることです。例えば数値のListに対し、すべての要素の値を積み重ねていき、合算した値にすることなどです。**リスト2.10.16**を見てください。

リスト2.10.16

```
val list = listOf(1, 2, 3, 4, 5)
val result = list.reduce { sum, value ->
```

```
    println("$sum + $value")
    sum + value
}
println(result)
```


> 実行結果

```
1 + 2
3 + 3
6 + 4
10 + 5
15
```

数値のListに対し、reduceで順番に処理し値を畳み込んでいます。ラムダ式で引数として受け取っているsum、value（名前は任意）の値はそれぞれ次の意味になります。

- sum……現在までの処理された合算の結果の値
- value……順番に取り出している現在の要素の値

ここでは順番に要素の値を足していく処理を記述しているため、sumには現時点での合計値が入った状態になり、最終的にすべての値を足し合わせた合計値が返却されます。ラムダ式の中でprintlnで計算式の内容を出力しているので、そちらを見ると値の変化がわかると思います。

全要素の値を合算する、といった使い方が一番多いと思いますが、**リスト2.10.17**のように掛け算にしたりもできます。

リスト2.10.17

```
val list = listOf(1, 2, 3, 4, 5)
val result = list.reduce { sum, value -> sum * value }
println(result)
```

> 実行結果

```
120
```

また数値だけでなく、**リスト2.10.18**のように文字列を結合することなども可能です。

リスト2.10.18

```
val list = listOf("a", "b", "c", "d", "e")
val result = list.reduce { line, str -> line + str }
println(result)
```

> 実行結果

```
abcde
```

11 コルーチンで非同期処理が実装できる

コルーチンは、Kotlin 1.3から正式に導入された非同期処理を実装するための機能です。特徴として「中断可能でノンブロッキングな非同期処理」を実現できることが挙げられ、実行しているスレッドを停止することなく効率の良い処理を実装できます。

コルーチンを使う際は、第1章で解説したbuild.gradle.ktsに依存関係の追加が必要になります。dependenciesブロックに**リスト2.11.1**の1行を追加してください。

リスト2.11.1

```
implementation("org.jetbrains.kotlinx:kotlinx-coroutines-core:1.4.2")
```

コルーチンの基本

まずは一番基本的なコルーチンの書き方です。**リスト2.11.2**を見てください。

リスト2.11.2

```
GlobalScope.launch {
    delay(1000L)
    println("Naoto.")
}
println("My name is")
Thread.sleep(2000L)
```

> 実行結果

```
My name is
Naoto.
```

GlobalScope.launchのブロック内で書かれている処理が、非同期処理の部分になります。delayは引数で渡した時間（単位はミリ秒）処理を中断する関数で、ここでは1秒中断したあとにprintlnで名前を出力しています。実行するとlaunchの後ろに書かれている「My name is」が先に出力され、約1秒後に「Naoto.」が出力されます。

最後にThread.sleepで2秒の待機を入れているのは、スレッドの終了を防ぐためです。この行を外すと、delayで中断している間に「My name is」の出力だけされてスレッドが終了してしまい、launch内の出力処理がされずに終わってしまいます。

コルーチンスコープ、コルーチンビルダー

コルーチンを使用した処理は、コルーチンスコープの中でコルーチンビルダーを使用して実装する必要があります。コルーチンスコープは、コルーチンが実行される仮想領域のようなものと思ってください。**リスト2.11.2**でいうとGlobalScopeが該当します。

コルーチンビルダーは名前のとおりコルーチンを構築するためのもので、launchが該当します。launchをはじめとするコルーチンビルダーはすべてCoroutineScopeというインターフェースの拡張関数として実装されており、実行するには必ずCoroutineScopeが必要になります。GlobalScopeもCoroutineScopeインターフェースを実装したobjectです。

コルーチンスコープビルダー

コルーチンスコープは、コルーチンスコープビルダーを使うことでも構築することができます。**リスト2.11.3**を見てください。

リスト2.11.3

```
runBlocking {
    launch {
        delay(1000L)
        println("Naoto.")
    }
    println("My name is")
}
```

> 実行結果

```
My name is
Naoto.
```

runBlockingというコルーチンビルダーに当たる関数を使い、コルーチンスコープを構築しています。このrunBlockingは、スコープ内のコルーチンの処理がすべて終わるまで終了しないようスレッドをブロックします。そのため**リスト2.11.2**で呼び出していたThread.sleepを削除していますが、コルーチンの中の処理で名前が出力されてから終了します。

サスペンド関数

ここまで紹介してきたサンプルコード内でdelayという関数を使って中断する処理を実装していましたが、こういったコルーチンの処理を「中断することができる関数」のことをサスペンド関数と言います。このサスペンド関数はコルーチン、もしくは別のサスペンド関数の中でしか呼ぶことができません。

サスペンド関数の定義

例えば**リスト2.11.3**のlaunchの中で実装している処理を関数に切り出すとき、**リスト2.11.4**のように通常の関数からdelayを呼び出すとコンパイルエラーになります。

リスト2.11.4

```
fun printName() {
    delay(1000L) // コンパイルエラー
    println("Naoto.")
}
```

> コンパイルエラー

```
Suspend function 'delay' should be called only from a coroutine or another suspend function
```

そのためサスペンド関数として定義する必要があります。サスペンド関数を実装するのは簡単で、**リスト2.11.5**のようにsuspendという修飾子を付けて定義します。

リスト2.11.5

```
suspend fun printName() {
    delay(1000L)
    println("Naoto.")
}
```

そしてこのprintName関数をコルーチンから呼び出すと、**リスト2.11.6**のようになります。

リスト2.11.6

```
runBlocking {
    launch { printName() }
    println("My name is")
}
```

> 実行結果

```
My name is
Naoto.
```

サスペンド関数は「中断する関数」ではない

前述しましたが、サスペンド関数は「中断することができる関数」です。サスペンド関数でもその中で中断処理を書いていなければ、中断はされません。本書では説明から省きますが、suspendCoroutine注5などの処理を中断する関数を呼び出すことで、呼び出しているコルーチンの処理を中断することができます。ちなみにこのsuspendCoroutineもサスペンド関数として定義されています。

asyncで並列処理を実装する

もう一つ、asyncというコルーチンビルダーの関数を紹介します。**リスト2.11.7**を見てください。

リスト2.11.7

```
runBlocking {
    val result = async {
        delay(2000L)
        var sum = 0
        for (i in 1..10) {
            sum += i
        }
        sum
    }
    println("計算中")
    println("sum=${result.await()}")
}
```

> 実行結果

```
計算中
sum=55
```

launchと同じようにCoroutineScopeをレシーバとしたレシーバ付きラムダを引数に取ります。書き方もlaunchと似ていますが、asyncはラムダ式で書いた処理の結果の値を受け取ることができます。ここでは2秒のdelayの後、for文で1〜10の数値を足し合わせ、合計値（変数sumの値）を結果として返しています。

そして結果の代入されたresultという変数に対し、awaitという関数を呼び出すことで結果が取得できます。このawait関数は、asyncの処理を待ち、終了したら結果を取得します。実行してみると、「計算中」と出力されたあとに少し待ってから計算結果が出力されるのがわかると思います。

この特性を使って、asyncでは並列処理を実装することもできます。**リスト2.11.8**を見てください。

注5　https://kotlinlang.org/api/latest/jvm/stdlib/kotlin.coroutines/suspend-coroutine.html

リスト2.11.8

```
runBlocking {
    val num1 = async {
        delay(2000L)
        1 + 2
    }
    val num2 = async {
        delay(1000L)
        3 + 4
    }
    println("sum=${num1.await() + num2.await()}")
}
```

> 実行結果

```
sum=10
```

2つのasyncでそれぞれ数値の計算をし、num1、num2という変数に結果を代入しています。そして最後にそれぞれの変数からawaitで取得した数値を足し合わせた結果を出力しています。

このときnum1のasyncは2秒、num2のasyncは1秒のdelayを入れているため実行時間に差が出るので、両方の処理が終わったタイミングで最後の計算、出力処理が実行されているのがわかります。

第3章 JavaとKotlinの相互互換が既存の資産を生かす

第1章の冒頭でも説明しましたが、KotlinはJavaとの相互互換を持っている言語です。KotlinからJava、JavaからKotlinを呼び出すことができ、2つの言語を同一のプロジェクトで共存させることも容易にできます。もちろんKotlinのみで実装することも可能ですが、もしJavaを使用していた組織であれば、長らく開発してきた資産を活用できることは大きなメリットです。この章では、主にKotlinからJavaを使用する方法を中心に、Javaとの相互利用について説明していきます。

1　Javaのコードを呼び出す

まずは、KotlinからJavaのコードを実行してみます。第1章で作成したプロジェクトで、src/main配下にjavaというディレクトリを作成してください。src/mainディレクトリを右クリックし、[New]→[Directory]を選択し、名前を入力すると作成できます。そしてsrc/main/java配下にJavaのクラスを作成します。Javaのファイルは、IntelliJ IDEAで対象のディレクトリ（ここではsrc/main/java）を右クリックし、[New]→[Java Class]を選択すると作成できます（**図3.1**）。

図3.1

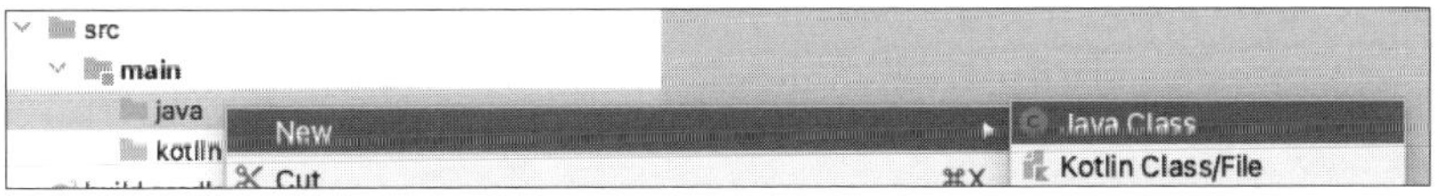

任意の名前（ここではHelloByJava）を入力すると（**図3.2**）、同名のクラスを持ったファイルが作成されます。本章でのコードはすべて、Javaの場合はsrc/main/java、Kotlinの場合はsrc/main/kotlin配下に作成します。

図3.2

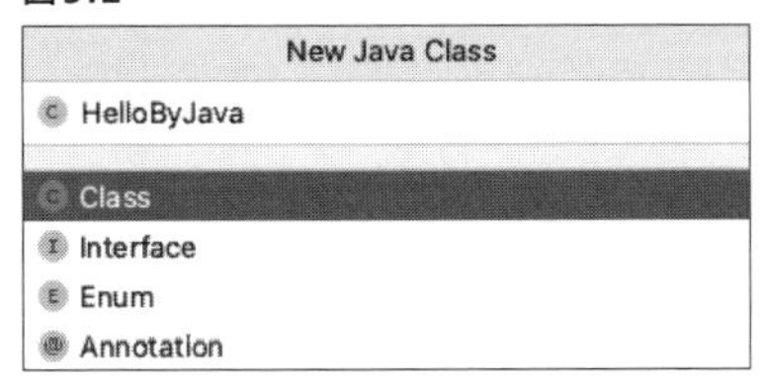

そして**リスト3.1.1**のコードを記述します。

リスト3.1.1

```
// Java
public class HelloByJava {
    public void printHello() {
        System.out.println("Hello Java.");
    }
}
```

「Hello Java.」という文字列を出力するだけのprintHelloというメソッドを持ったクラスです（Javaでは関数ではなくメソッドと呼びます）。そしてこれをKotlinから**リスト3.1.2**のように呼び出すことができます。

リスト3.1.2

```
// Kotlin
val hello = HelloByJava()
hello.printHello()
```

> 実行結果

```
Hello Java.
```

Kotlinのクラスを、インスタンスを生成して実行しているのと同様に書けます。

逆にKotlinで実装したコードをJavaから呼び出すこともできます。今度はsrc/main/kotlin配下に**リスト3.1.3**のKotlinのクラスを作成します。

リスト3.1.3

```
// Kotlin
class HelloByKotlin {
    fun printHello() {
        println("Hello Kotlin.")
    }
}
```

そしてsrc/main/java配下に**リスト3.1.4**のクラスを作成し、main関数を実行してください。

リスト3.1.4

```
// Java
public class JavaMain {
```

```
    public static void main(String[] args) {
        HelloByKotlin helloByKotlin = new HelloByKotlin();
        helloByKotlin.printHello();
    }
}
```

こちらもJavaのクラスを呼び出すのと同様の書き方で、Kotlinのコードを呼び出せます。Javaは処理を実装する際に必ずクラスが必要となるため、mainメソッドのみを実装したクラスを使用したサンプルになっています。

2 Javaのライブラリを呼び出す

Kotlinから既存のJavaライブラリを呼び出すことももちろんできます。**リスト3.2.1**を見てください。

リスト3.2.1

```
// Kotlin
val uuid: UUID = UUID.randomUUID()
println(uuid.toString())
```

> 実行結果（ランダム値のため参考）

```
044ec94f-54be-429f-bfeb-9eab50684216
```

UUIDというJavaの標準ライブラリを使用しています。UUIDは文字通りUUIDを扱うためのライブラリで、ここではrandomUUID関数でUUIDとなるランダムの文字列を生成し、その結果を出力しています。

また、java.time.LocalDateTimeのようなJavaの標準ライブラリのクラスを、型として使用することもできます。

リスト3.2.2

```
// Kotlin
data class Time(val time: LocalDateTime)
fun main() {
    val now = Time(LocalDateTime.now())
    println(now.time)
}
```

> 実行結果（現在時刻のため参考）

```
2021-02-20T17:06:12.184511
```

LocalDateTime型のプロパティを持ったデータクラスTimeを作成し、LocalDateTime.now関数で現在日時を設定したインスタンスを生成し、出力しています。

3 Javaのクラスを継承してKotlinで実装する

KotlinとJavaの相互運用はインスタンスの生成やメソッドの呼び出しだけでなく、既存のJavaのクラスを継承してKotlinで実装することもできます。

クラスの継承

まず、**リスト3.3.1**のJavaのAnimalJavaクラスを作成してください。

リスト3.3.1

```
// Java
public class AnimalJava {
    public void cry() {
        System.out.println("pien");
    }
}
```

次に**リスト3.3.2**のように、KotlinのDogKotlinクラスを作成してください。

リスト3.3.2

```
// Kotlin
class DogKotlin: AnimalJava() {
    override fun cry() {
        println("bowwow")
    }
}
```

Javaで作られたAnimalJavaクラスを継承し、cryメソッドをオーバーライドしKotlinで実装しています。そして**リスト3.3.3**のように実行します。

リスト3.3.3

```
// Kotlin
val dog = DogKotlin()
dog.cry()
```

> 実行結果

```
bowwow
```

インターフェースも同様に実装可能

インターフェースもクラスと同様に、Javaで作られたものをKotlinで実装することができます。**リスト3.3.4**のJavaのGreeterJavaインターフェースを作成してください。

リスト3.3.4

```
// Java
public interface GreeterJava {
    void hello();
}
```

リスト3.3.5のように、Kotlinで実装します。

リスト3.3.5

```
// Kotlin
class GreeterImplKotlin: GreeterJava {
    override fun hello() {
        println("Hello.")
    }
}
```

こちらもKotlinのインターフェースを使用したときと同様の書き方で実装できます。そして、**リスト3.3.6**のように実行します。

リスト3.3.6

```
// Kotlin
val greeter = GreeterImplKotlin()
greeter.hello()
```

> 実行結果

```
Hello.
```

4　Javaと相互呼び出しする際の特殊な例

JavaとKotlinで相互呼び出しをする際、基本的にはそれぞれの言語で書いているときと同様の書き方で実装することができます。ただ、書き方や挙動が特殊な形になるケースもあります。ここでは、主にKotlinからJavaを呼び出す場合の特殊な点について、いくつか紹介します。

getter、setter

リスト3.4.1のようなJavaのクラスがあるとします。

リスト3.4.1

```
// Java
public class UserJava {
    private Integer id;
    private String name;

    public Integer getId() {
        return id;
    }

    public void setId(Integer id) {
        this.id = id;
    }

    public String getName() {
        return name;
    }

    public void setName(String name) {
        this.name = name;
    }
}
```

本書では第2章の「2. プロパティの定義でアクセサメソッド（getter、setter）が不要になる」の項で説明してきた、よくあるプロパティとgetter、setterを持ったクラスです。プロパティがprivateで定義されており、アクセスするには下に定義されているそれぞれのアクセサメソッドを経由する必要があります。

しかし、これをKotlinから呼び出すと**リスト3.4.2**のように記述することができます。

リスト3.4.2

```
// Kotlin
val user = UserJava()
user.id = 100
user.name = "Takehata"
```

```
println(user.id)
println(user.name)
```

＞実行結果

```
100
Takehata
```


Kotlinのデータクラスなどを使ったときと同様、プロパティに直接アクセスしているかのように書いていますが、idとnameのプロパティはprivateで定義されており、実際はgetter、setterを経由してアクセスしています。

このようにKotlinでの記法に合わせて書ける（Javaのクラスだけgetter、setterを呼ぶなどしなくて良い）ことも、共存をさせやすくしています。

SAM（Single Abstract Method）変換

第2章で関数型と高階関数についての説明をしましたが、Javaには関数型が存在しません。その代わりに「関数型インターフェース」という機能が存在します。これは、「単一のメソッドを持ったインターフェース（SAMインターフェース）」を定義することで、関数型のように扱える機能です。

例として、**リスト3.4.3**を見てください。

リスト3.4.3

```
// Java
@FunctionalInterface
public interface CalcJava {
    Integer calc(Integer num1, Integer num2);
}
```

CalcJavaは、calcという1つのメソッドだけが定義されたJavaのインターフェースで、これを「関数型インターフェース」として扱うことができます。@FunctionalInterfaceアノテーションは付けなくても機能しますが、付けることにより他のメソッドを追加したとき（単一のメソッドでなくなったとき）にコンパイルエラーを出してくれるようになるため、明示的に付けていることが多いです。

そしてKotlinからは、**リスト3.4.4**のように呼び出すことができます。

リスト3.4.4

```
// Kotlin
val function = CalcJava { num1, num2 -> num1 + num2 }
println(function.calc(1, 3))
```

> 実行結果

```
4
```

CalcJavaに対して、引数でcalcメソッドのシグネチャと同様にInt型の引数を2つ受け取り、Int型の戻り値を返すラムダ式を渡しています。そしてcalcメソッドを実行すると、ラムダ式で渡した足し算の処理が実行されます。このようにラムダ式を渡すことでSAMインターフェースに変換してくれる機能のことを、SAM変換と呼びます。この機能により、Kotlinで関数型を使用したときと同じような実装で、Javaの関数型インターフェースが使用できます。

既存のJavaの資産を使用するときや、Javaのフレームワークやライブラリで関数型インターフェースを扱うときに使用します。

また、**リスト3.4.5**のように関数の引数として関数型インターフェースを使うこともできます。

リスト3.4.5

```
// Kotlin
fun executeCalc(num1: Int, num2: Int, function: CalcJava) {
    println(function.calc(num1, num2))
}

fun main() {
    executeCalc(1, 3, CalcJava { num1, num2 -> num1 + num2 })
    val function = CalcJava { num1, num2 -> num1 + num2 }
}
```

> 実行結果

```
4
```

companion object

Kotlinではクラス内にstaticな変数や関数を定義するとき、**リスト3.4.6**のようにcompanion objectを使います。

リスト3.4.6

```
// Kotlin
class CompanyConstants {
    companion object {
        val maxEmployeeCount = 100
    }
}
```

これはKotlin独自の機能のため、Javaからここで定義した変数にアクセスする場合、**リスト3.4.7**のように呼び出す必要があります。

リスト3.4.7

```
// Java
public static void main(String[] args) {
    System.out.println(CompanyConstants.Companion.getMaxEmployeeCount());
}
```

> 実行結果

```
100
```

CompanyConstantsの後ろにCompanionというオブジェクトを介してmaxEmployeeCountのgetterにアクセスしています。これは内部的には実際にCompanionというオブジェクトが作られているためで、Kotlinからは意識する必要がありませんがJavaからアクセスする場合は経由する必要があります。

しかし都度これを書くのは煩わしいので、Kotlin側でアノテーションを付けることでCompanionを記述せずにアクセスできる方法が用意されています。**リスト3.4.8**を見てください。

リスト3.4.8

```
// Kotlin
class CompanyConstants {
    companion object {
        @JvmStatic
        val maxEmployeeCount = 100
    }
}
```

変数maxEmployeeCountに@JvmStaticというアノテーションを付けています。これにより、JavaからもCompanyConstantsに含まれるstaticな変数（Javaで言うクラス変数）のようにアクセスできるようになります（**リスト3.4.9**）。

リスト3.4.9

```
// Java
public static void main(String[] args) {
    System.out.println(CompanyConstants.getMaxEmployeeCount());
}
```

5 JavaのコードをKotlinのコードへ変換する

IntelliJ IDEAには、JavaのコードをKotlinへ変換する機能があります。**リスト3.5.1**のようにJavaでHello Worldのコードを用意します。

リスト3.5.1

```
// Java
public class Hello {
    public static void main(String[] args) {
        System.out.println("Hello World.");
    }
}
```

そして**図3.3**のように、対象のファイルを右クリックし、「Convert Java File to Kotlin File」を選択すると、Kotlinコードへの変換が実行されます。

図3.3

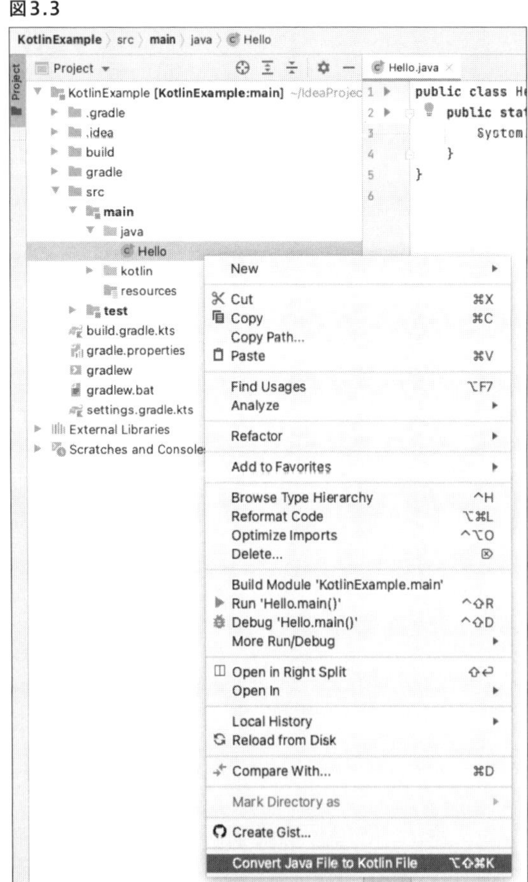

図3.4のようにHelloがKotlinになっているのがわかります（ファイル名横のアイコンにKotlinのロゴが付いているものがKotlinのファイルです）。

図3.4

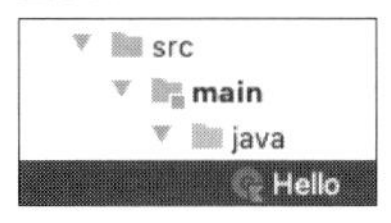

IntelliJ IDEA上だと拡張子が隠れてしまうためわかりづらいですが、MacのFinderやWindowsのエクスプローラー、あるいはターミナルアプリケーションで見てみると、拡張子が.javaから.ktへ変わっているのが確認できます。開くと**リスト3.5.2**のようなコードになっています。

リスト3.5.2

```
// Kotlin
object Hello {
    @JvmStatic
    fun main(args: Array<String>) {
        println("Hello World.")
    }
}
```

Javaのコードを元にしているため`Hello`という`object`が用意されていたりと、シンプルな形にはなっていませんが、同様の処理をKotlinで書いた形に変換されています。

また、**リスト3.5.3**のようなプロパティとアクセサメソッドを持ったクラスを変換すると、**リスト3.5.4**のようにアクセサメソッドが消え、Kotlinのプロパティの書き方で変換されます。

リスト3.5.3

```
// Java
public class User {
    private Integer id;
    private String name;

    public Integer getId() {
        return id;
    }

    public void setId(Integer id) {
        this.id = id;
    }

    public String getName() {
        return name;
    }
```

```
    public void setName(String name) {
        this.name = name;
    }
}
```

リスト3.5.4

```
// Kotlin
class UserJava {
    var id: Int? = null
    var name: String? = null
}
```

このくらいのシンプルなコードであれば、ある程度正確に変換してくれますが、複雑なコードになってくるとうまくいかずコンパイルエラーの残ったコードになる場合もあります。

しかし、例えばJavaのコードをKotlinに移行したいときに一旦変換して一部エラーの出る箇所だけ修正すれば、0から作りなおすよりはだいぶ楽になります。また、Javaで実装しているサンプルをとりあえず変換してKotlinの実装を見てみたりと、参考に使うこともできます。Javaとの相互運用を補助してくれる機能としては、特にKotlinに慣れない最初のうちは、便利なのではないかと思います。

第2部

Kotlinでのサーバーサイド開発

第4章 Webアプリケーション開発の基盤となるSpring Bootを導入する

本章ではSpring Bootというフレームワークを使って、Webアプリケーションのサーバーサイドプログラムを実装する方法を解説します。KotlinでのWebアプリケーション開発において、フレームワークの利用は必須になってきます。様々なフレームワークの中でもSpring Bootは特にメジャーなものとなっており、第6章から開発する実践のアプリケーションでも使用していて、アーキテクチャのベースとなる知識になってきます。ここまでの章はKotlinという言語自体についての説明でしたが、ここからいよいよ「サーバーサイドKotlin」の開発を体感していただければと思います。

1　Spring Bootの導入

Spring Bootとは?

Spring Boot注1は、Webアプリケーションフレームワークの一つです。Javaのフレームワークとして最もメジャーなものの一つで、多くのサーバーアプリケーションで使用されています。

Spring Framework注2というフレームワークがあり、もともとはDI（Dependency Injection、依存性注入）やAOP（Aspect Oriented Programming、アスペクト思考プログラミング）をサポートするものでした。リリース後に多くの機能が作られてゆき、Webアプリケーション開発のためのSpring MVC、認証・認可を実装するためのSpring Securityなど様々なフレームワーク注3の集合体となっています。

その様々なフレームワークを個々で使うのではなく、まとめて使いやすい形にしてWebアプリケーション開発を簡単にできるようにしたものが、Spring Bootになります。

Spring FrameworkのKotlinサポート

Spring Frameworkは、5系から正式にKotlin対応を始めています。Spring Bootで言うと2系が、Spring Framework 5系に対応したバージョンです。4系以前のバージョンでも使えるのですが、フレー

注1　https://spring.io/projects/spring-boot
注2　https://spring.io/projects/spring-framework
注3　https://spring.io/projects

ムワーク側のコアな部分でもKotlinでの利用を想定して対応してくれることで、より使いやすくなります。また、今後のKotlin、Spring Frameworkそれぞれのアップデートに際しても、動作の保証がより強くなっていくことが期待されます。

Spring Initializrでプロジェクトの雛形を作成

まず、Kotlinを使ったSpring Bootのプロジェクトを作成します。Spring BootはSpring Initializr[注4]というサイトが用意されていて、こちらでプロジェクトの雛形を作成することができます。以下の項目を入力し［GENERATE］ボタンを押すと、設定した項目に応じたプロジェクトのzipがダウンロードされます（**図4.1**）。

- Project……ビルドツールの選択（Maven Project、Gradle Project）
- Language……言語の選択（Java、Kotlin、Groovy）
- Spring Boot……Spring Bootのバージョン
- Project Metadata……作成するプロジェクトの各種設定
- Dependencies……追加する依存関係

図4.1

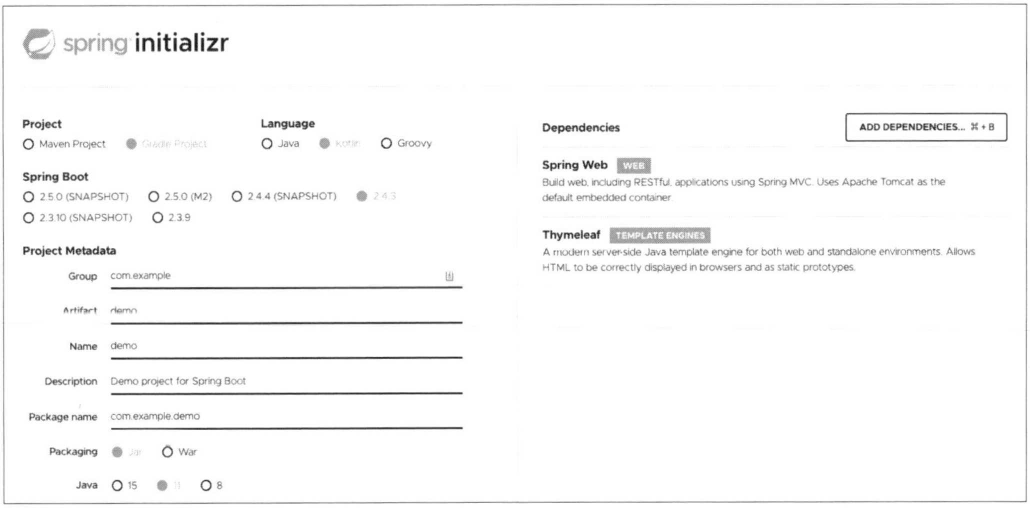

本書のサンプルでは次の設定にしました。

注4　https://start.spring.io/

- Project: Gradle
- Language: Kotlin
- Spring Boot: 2.4.3（執筆時のデフォルト）
- Project Metadata: すべてデフォルトの値
- Dependencies: Spring Web、Thymeleaf

Spring Bootでは他のライブラリやフレームワークを併せて使うための依存関係を追加してくれる、starterと言われるモジュールが用意されています。Dependenciesで選択することにより、プロジェクトを作成するときにあらかじめその依存関係を追加できます。ここではSpring MVC、Jacksonといった Web API開発に必要なフレームワークを使うためのSpring Webと、テンプレートエンジンであるThymeleafを選択しています。追加した依存関係については、後ほどプロジェクトの中身を見ながらあらためて説明します。

作成したプロジェクトの展開

Spring Initializrから、demo.zipというファイルがダウンロードされていると思います。このファイルを任意の場所に展開してください。そして展開したファイルをIntelliJ IDEAで開きます。メニューから［File］→［Open］を選択し、展開したdemoディレクトリの直下にあるbuild.gradle.ktsを開いてください（**図4.2**）。

図4.2

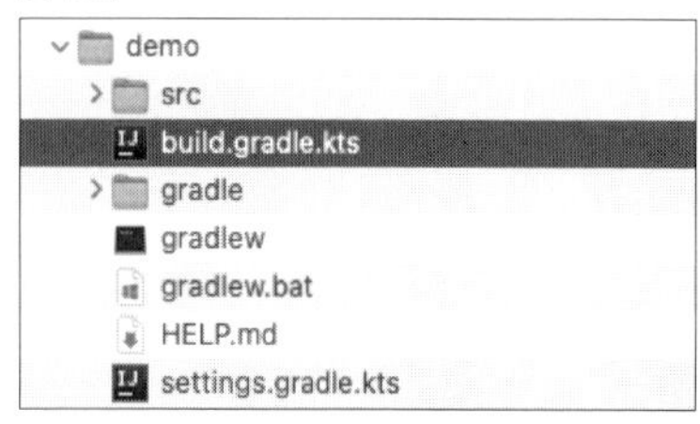

図4.3のようなポップアップが開かれるので［Open as Project］を押下してください。これでIntelliJ IDEAでGradleプロジェクトとしてdemoが開かれます。

図4.3

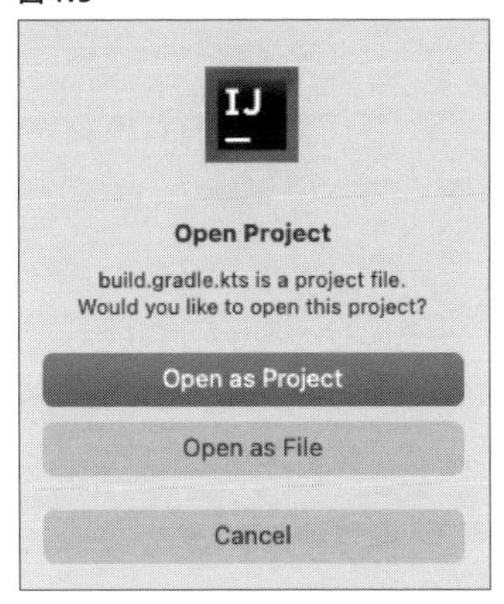

Projectビューには、**図4.4**のようなファイルが表示されていると思います。

図4.4

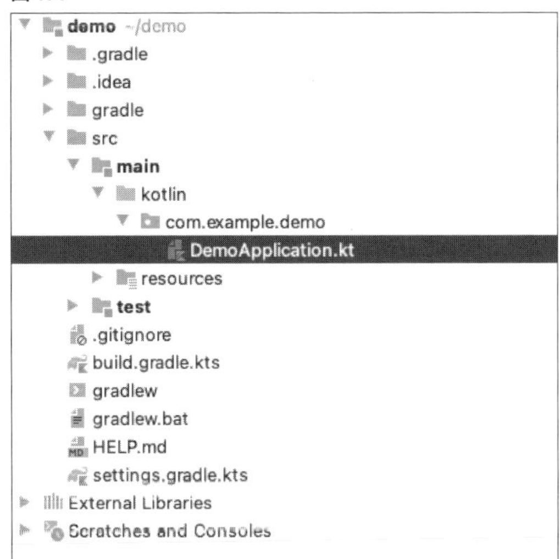

build.gradle.kts ——Kotlinで記述されたGradleの設定ファイルの確認

プロジェクト直下にあるbuild.gradle.ktsを開きます。第1章の「4.環境構築と最初のプログラムの実行」で少し紹介しましたが、Kotlinで記述されたGradleの設定ファイルです。現在Spring InitializrでKotlinを選択して作られるプロジェクトは、このbuild.gradle.ktsが使われるようになっています。

ファイルの内容は前述のSpring Initializrで設定した項目が反映された形で作られています（**リスト4.1.1**）。

リスト4.1.1

```
 1: import org.jetbrains.kotlin.gradle.tasks.KotlinCompile
 2:
 3: plugins {
 4:     id("org.springframework.boot") version "2.4.3"
 5:     id("io.spring.dependency-management") version "1.0.11.RELEASE"
 6:     kotlin("jvm") version "1.4.30"
 7:     kotlin("plugin.spring") version "1.4.30"
 8: }
 9:
10: group = "com.example"
11: version = "0.0.1-SNAPSHOT"
12: java.sourceCompatibility = JavaVersion.VERSION_11
13:
14: repositories {
15:     mavenCentral()
16: }
17:
18: dependencies {
19:     implementation("org.springframework.boot:spring-boot-starter-thymeleaf")
20:     implementation("org.springframework.boot:spring-boot-starter-web")
21:     implementation("com.fasterxml.jackson.module:jackson-module-kotlin")
22:     implementation("org.jetbrains.kotlin:kotlin-reflect")
23:     implementation("org.jetbrains.kotlin:kotlin-stdlib-jdk8")
24:     testImplementation("org.springframework.boot:spring-boot-starter-test")
25: }
26:
27: tasks.withType<KotlinCompile> {
28:     kotlinOptions {
29:         freeCompilerArgs = listOf("-Xjsr305=strict")
30:         jvmTarget = "11"
31:     }
32: }
33:
34: tasks.withType<Test> {
35:     useJUnitPlatform()
36: }
```

4～7行目のKotlin、Spring Bootなどのバージョンは、作成時の指定や、その時点での最新バージョンの状況により変わります。主要なものについて、いくつか説明します。

plugins——Gradleタスクで使用するプラグイン

リスト4.1.1の3～8行目のpluginsブロックで、使用するGradleプラグインを定義しています。
まず、以下の2つはSpring Boot関連のプラグインです。

- id("org.springframework.boot")
- id("io.spring.dependency-management")

`org.springframework.boot`は、Spring BootアプリケーションをGradleから実行するために必要です。後述するbootRunという起動タスクを提供します。

`io.spring.dependency-management`は、依存関係の管理をサポートしてくれるプラグインです。Spring Bootのstarter関連の依存関係を追加するとき、`org.springframework.boot`の定義で指定しているバージョンに応じたものを取得してくれます。そのため後述の`dependencies`ブロックで指定しているいくつかのstarterでも、バージョンの指定を省略しています。

次に、以下の2つはKotlin関連のプラグインになります。

- kotlin("jvm")
- kotlin("plugin.spring")

`id`ではなく`kotlin`という関数で括っているのは、Kotlin DSL独自の記述になります。Kotlin関連のプラグインの記述を簡略化するためのもので、実際は**リスト4.1.2**と同様の意味です。

リスト4.1.2

```
id("org.jetbrains.kotlin.jvm") version "1.4.30"
id(""org.jetbrains.kotlin.plugin.spring") version "1.4.30"
```

GradleでのKotlinプロジェクトのビルド、KotlinでのSpring Bootの使用で必要になります。

dependencies——アプリケーションで使用する依存関係

リスト4.1.1の18〜25行目の`dependencies`ブロックでは、アプリケーションで必要な依存関係を追加しています。Spring Initializrでの生成時に2つの依存関係を追加したので、ここに反映されています。19、20行目がその該当箇所です。それぞれ次のような役割になります。

- spring-boot-starter-thymeleaf……HTMLなどWebページの作成で使用する、Thymeleaf[注5]というテンプレートエンジンを使うためのstarter
- spring-boot-starter-web……ルーティングなど、Webアプリケーションのサーバーサイドプログラムで必要な機能を提供するstarter

このように使いたいstarterを設定しておくことで、依存関係に追加した状態のGradleファイルが作られます。

`jackson-module-kotlin`はJSONのシリアライズ、デシリアライズをするJackson[注6]というライブラリを使用するためのモジュールです。後述するAPIのリクエスト、レスポンスをJSONでやり取りする際などに使用されます。

注5 https://www.thymeleaf.org/
注6 https://github.com/FasterXML/jackson

spring-boot-starter-testはテストモジュールです。Spring Bootアプリケーションのテストコードを実装できます（本章では使用しません）。

生成したSpring Bootアプリケーションを起動する

このプロジェクトのSpring Bootアプリケーションを起動します。DemoApplication.ktというファイルを開くと、**リスト4.1.3**の内容のコードになっています。

リスト4.1.3

```
@SpringBootApplication
class DemoApplication

fun main(args: Array<String>) {
        runApplication<DemoApplication>(*args)
}
```

この@SpringBootApplicationというアノテーションが付いたクラスがアプリケーションを起動するクラスになります。このクラスのmain関数を実行します[注7]。

リスト4.1.4のようなログが出力されていれば、起動成功です。

リスト4.1.4

```
INFO 60701 --- [           main] o.s.b.w.embedded.tomcat.TomcatWebServer  : Tomcat started on port(s)↵
: 8080 (http) with context path ''
INFO 60701 --- [           main] com.example.demo.DemoApplicationKt       : Started DemoApplicationKt ↵
in 3.701 seconds (JVM running for 4.792)
```

アプリケーションの起動はbootRunというGradleタスクを実行することでも行えます。コマンドラインからプロジェクト直下で**コマンド4.1.5**のように実行するか、IntelliJ IDEAのGradleビューから［Tasks］→［application］→［bootRun］を選択（**図4.5**）して実行します。

コマンド4.1.5

```
$ ./gradlew bootRun
```

注7　main関数の実行方法は、第1章の「4. 環境構築と最初のプログラムの実行」を参照。

図4.5

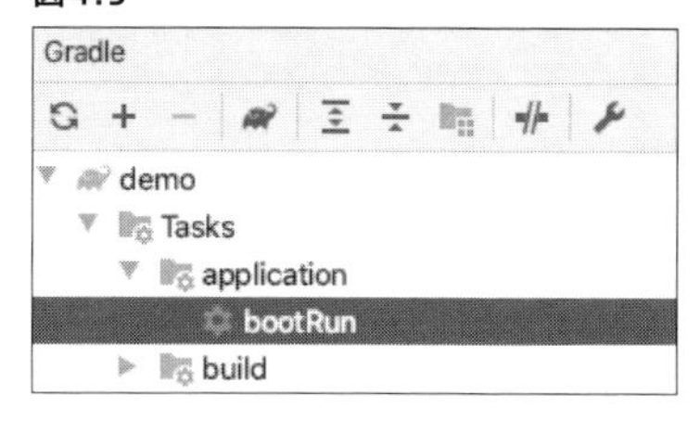

アプリケーションの停止は、IntelliJ IDEAから起動した場合は、右上に表示されている四角い停止ボタン（起動中は赤くなっています）を押します（**図4.6**）。

図4.6

コマンドで起動した場合は、Macでは control ＋ C、Windowsでは Ctrl ＋ C を起動しているターミナル上で入力すると、停止できます。

テストページの作成と動作確認

アプリケーションは起動しましたが、ルーティングが何も設定されていないためどこにもアクセスすることができません。テストページを表示するプログラムを作成します。プロジェクトのsrc/main/kotlinディレクトリのcom.example.demoパッケージ配下に、**リスト4.1.6**のHelloControllerクラスを作成します。

リスト4.1.6

```
@Controller
class HelloController {
    @GetMapping("/")
    fun index(model: Model): String {
        model.addAttribute("message", "Hello World!")
        return "index"
    }
}
```

@Controllerというアノテーションを付けたクラスで、ルーティングを行うことができます。@GetMappingに引数で渡している値がルーティングのパスで、ここでは/（ルート）を指定します。これでHTTPメソッドがGETでルートパスにアクセスされると、index関数が呼び出されるようになります。後ほど出てきますが、HTTPメソッドごとに@PostMapping、@DeleteMappingといったアノテーションがあります。

そしてここでは前述の依存関係で追加していた、Thymeleafというテンプレートエンジンを使用しています。引数で使用しているModelというクラスは、テンプレートのHTMLへ値を渡すために使用しています。messageという属性に「Hello World!」の文字列を渡しています。戻り値として返している文字列は、HTMLファイル名です。これに合わせて、index.htmlというファイルをプロジェクトのsrc/main/resources/templates配下に作成し、**リスト4.1.7**の内容を記述します。

リスト4.1.7

```
<!DOCTYPE html>
<html xmlns:th="http://www.thymeleaf.org">
<head>
    <meta charset="UTF-8">
    <title>Hello World!</title>
</head>
<body>
<p th:text="${message}"></p>
</body>
</html>
```

${message}と書くことで、HelloControllerで設定していたmessage属性の値を使用できます。

アプリケーションを再起動し、http://localhost:8080にアクセスすると**図4.7**の画面が表示されます。

図4.7

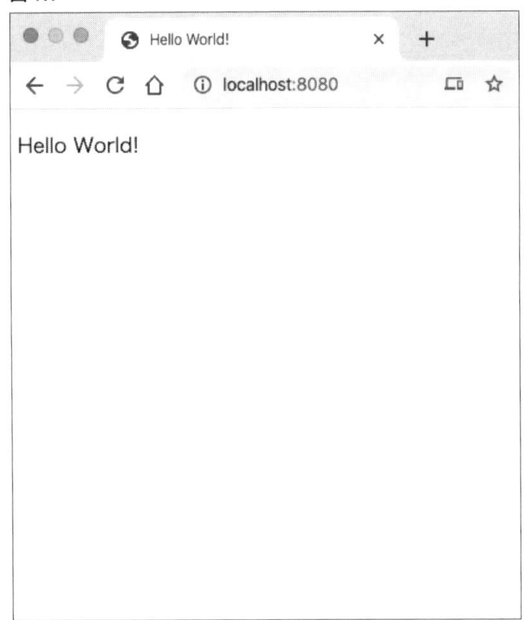

ルーティングで設定したルートパスにアクセスし、message属性に設定した「Hello World!」が表示されています。これでSpring Bootアプリケーションの動作確認ができました。

また、ルーティングは@RequestMappingというアノテーションを使うことで、クラスに対しても設定できます（**リスト4.1.8**）。

リスト4.1.8

```
@Controller
@RequestMapping("hello")
class HelloController {
    @GetMapping("/world")
    fun index(model: Model): String {
        model.addAttribute("message", "Hello World!")
        return "index"
    }
}
```

これでこのクラスに定義されているルーティングへのアクセスは必ず/helloが付く形になります。indexは@GetMappingで/worldを指定しているため、パスは/hello/worldになります。これでパスをクラスと関数の階層構造で定義でき、共通化ができます。

2 Spring BootでのREST APIの実装

JSONでリクエスト、レスポンスをやり取りする、いわゆるREST APIを作成します。

クエリストリングでリクエストを受け取る

まず、**リスト4.2.1**のクラスを作成してください。

リスト4.2.1

```
@RestController
@RequestMapping("greeter")
class GreeterController {
    @GetMapping("/hello")
    fun hello(@RequestParam("name") name: String): HelloResponse {
        return HelloResponse("Hello ${name}")
    }
}
```

こちらでは@RestControllerのアノテーションを付けています。これで戻り値のオブジェクトをJSONにシリアライズしてレスポンスとして返します。また、リクエストは関数の引数で@RequestParamを使用して指定しています。このアノテーションの引数で渡した名前のパラメータをクエリストリングで受け取り、後ろの変数に入ります。

レスポンスの型として指定しているHelloResponseクラスを、**リスト4.2.2**のようにデータクラスで作ります。

リスト4.2.2

```
data class HelloResponse(val message: String)
```

アプリケーションを起動し、ターミナルから**コマンド4.2.3**のように実行できます。

コマンド4.2.3

```
$ curl http://localhost:8080/greeter/hello?name=Naoto
{"message":"Hello Naoto"}
```

データクラスのプロパティ名と値を使ったJSONとして返却されているのがわかります。

パスパラメータでリクエストを受け取る

GreeterControllerクラスに**リスト4.2.4**の関数を追加してください。

リスト4.2.4

```
@GetMapping("/hello/{name}")
fun helloPathValue(@PathVariable("name") name: String): HelloResponse {
    return HelloResponse("Hello $name")
}
```

パスの中のパラメータを入れたい箇所に{}で括って名前を定義し、その名前を@PathVariableアノテーションの引数に渡すことで指定しています。@RequestParamと同様、後ろの引数にパラメータで受け取った値が入ります。

そして、**コマンド4.2.5**のように実行します。

コマンド4.2.5

```
$ curl http://localhost:8080/greeter/hello/Kotlin
{"message":"Hello Kotlin"}
```

JSONでリクエストを受け取る

リクエストもJSONで受け取るには、**リスト4.2.6**のように実装します。こちらもGreeterControllerクラスに関数を追加してください。

リスト4.2.6

```
@PostMapping("/hello")
fun helloByPost(@RequestBody request: HelloRequest): HelloResponse {
    return HelloResponse("Hello ${request.name}")
}
```

ここではパスの指定に@PostMappingを使用していますが、これを使うとHTTPメソッドがPOSTで受け付けるようになります。そして引数には@RequestBodyアノテーションを付け、型としてレスポンスと同じようにデータクラスのオブジェクトを指定します。HelloRequestクラスは**リスト4.2.7**のように作ります。

リスト4.2.7

```
data class HelloRequest(val name: String)
```

実行はContent-Typeとしてapplication/jsonを指定し、リクエストのボディにHelloRequestクラスと同じ構成のJSONを渡して呼び出します（**コマンド4.2.8**）。

コマンド4.2.8

```
$ curl -H 'Content-Type:application/json' -X POST -d '{"name":"Kotlin"}' http://localhost:8080/↗
greeter/hello
{"message":"Hello Kotlin"}
```

3 Spring FrameworkのDIを使用する

本章の冒頭でも少し書きましたが、Spring Frameworkの主要な機能としてDIがあります。Spring Frameworkを使うと必ずと言っていいほど使う機能で、その実装方法についてもいくつかのパターンがあるので、ここから説明していきます。

DIとは?

DIは、Dependency Injection（依存性の注入）の略です。言葉が難しいので少しわかりづらいですが、簡単に言うと各クラスで使用するオブジェクトの生成を自動化してくれるものです。例えば、**リスト4.3.1**

のようなコードがあるとします。

リスト4.3.1

```
class Executor {
    fun execute() {
        val greeter = Greeter()
        greeter.hello()
    }
}
```

Greeterというクラスのインスタンスを生成し、hello関数を実行しています。DIを使うと、これを**リスト4.3.2**のような書き方で実装することができます。

リスト4.3.2

```
class Executor(private val greeter: Greeter) {
    fun execute() {
        greeter.hello()
    }
}
```

詳しい内容は後述しますが、コンストラクタにGreeter型の引数を定義しておけば、フレームワーク側でインスタンスの生成をして、この引数greeterに入れてくれます。「依存性の注入」というのは、このようにインスタンスを生成して「注入」してくれることを指しています。この例だけでは少しわかりづらいかもしれませんが、例えば同一クラス内の複数箇所でオブジェクトを使い回す場合など、都度インスタンスの生成をする必要がなくなります。

また、Spring FrameworkではDIしたオブジェクトはシングルトンになります。アプリケーションの起動時に生成し、DIコンテナという領域に登録され使い回されます。処理が実行されるたびにインスタンスが生成されることがなくなり、メモリ効率の面などでも有効になります。

DIの対象クラスを作成

まず、DIの対象となるインターフェース、クラスを作成します。**リスト4.3.3**のインターフェース、そしてそれを実装した**リスト4.3.4**のクラスを作成してください。

リスト4.3.3

```
interface Greeter {
    fun sayHello(name: String): String
}
```

リスト4.3.4

```
@Component
class GreeterImpl : Greeter {
    override fun sayHello(name: String) = "Hello $name"
}
```

Spring Frameworkを使った実装では、インターフェースに対する実装クラスに「インターフェース名+Impl」という命名規則で名前を付けることが多いです（Implement=実装する、の略）。

また、実装クラスには@Componentアノテーションが付いています。これはDIの対象であることを表すアノテーションで、後述する各種インジェクションの処理で対象クラスとするためのものになります。この説明だけだとよくわからないと思うので、実際のDIを使った実装と併せて説明していきます。

コンストラクタインジェクション

Spring Frameworkでは、いくつかDIの方法が用意されています。まずは最もよく使われるコンストラクタインジェクションからです。これはSpring Frameworkとしても推奨している方法となっています。

GreeterControllerに対して、**リスト4.3.5**のようにコンストラクタで前述のGreeter型の引数を定義してください。

リスト4.3.5

```
class GreeterController(
    private val greeter: Greeter
) {
    // 省略
}
```

これだけでDIに必要な定義は終わりです。アプリケーション起動時にコンストラクタに定義されている引数の型から、Spring Frameworkが特定の実装クラスをインジェクションしてくれます。このときに対象となるのが、前述の@Componentアノテーションを付けたクラスです。ここではGreeter型の引数がコンストラクタに定義されているため、Greeterの実装クラスで@Componentアノテーションが付いたクラス、つまりGreeterImplがインジェクションされます。

インジェクションしたgreeterの関数を呼び出してみます。GreeterControllerクラスに**リスト4.3.6**の関数を追加してください。

リスト4.3.6

```
@GetMapping("/hello/byservice/{name}")
fun helloByService(@PathVariable("name") name: String): HelloResponse {
    val message = greeter.sayHello(name)
    return HelloResponse(message)
}
```

そしてコマンド4.3.7のように実行すると、GreeterImplで実装した処理の結果を使ったレスポンスが返ってきているのがわかります。

コマンド4.3.7

```
$ curl http://localhost:8080/greeter/hello/byservice/Spring
{"message":"Hello Spring"}
```

フィールドインジェクション

次はフィールドインジェクションです。**リスト4.3.5**ではコンストラクタで書いていたgreeterの定義を、**リスト4.3.8**のようにクラスのフィールドとして定義するように書きます。

リスト4.3.8

```
@RestController
@RequestMapping("greeter")
class GreeterController {
    @Autowired
    private lateinit var greeter: Greeter

    // 省略
}
```

ここでは@Autowiredアノテーションを使用しています。これを付けることでDIの対象となるフィールドであることを表します。コンストラクタインジェクションと同様、このフィールドの型に応じて実装クラスをインジェクションしてくれます。

もう一つポイントとしては、lateinit varで定義していることです。このフィールドへのインジェクションは、変数の読み込みと同時に初期化されるのではなく、あとからインジェクションされるためvarとして定義しておく必要があるためです。

セッターインジェクション

もう一つ、セッターインジェクションという方法もあります。これはインジェクション対象のフィールドと、それに対するセッターを定義することでインジェクションする方法です。Kotlinの場合はフィールドをvarで定義すると同時にセッターも作られるため、**リスト4.3.9**のような書き方になります。

リスト4.3.9

```
@RestController
@RequestMapping("greeter")
class GreeterController {
```

```
    var greeter: Greeter? = null
        @Autowired
        set(value) {
            field = value
        }

    // 省略
}
```

拡張プロパティでカスタムセッターを定義し、それに対して@Autowiredアノテーションを付けています。ただ、カスタムセッターを定義するとlateinit修飾子を使うことができないため、初期化が必要になります。そのためフィールドの型もNull許可で定義しており、呼び出し時もNullチェック等の対応が必要になります。

1つのインターフェースに対して複数のクラスが存在する場合

ここまで紹介した例は1つのインターフェースにつき1つの実装クラスしかありませんでしたが、複数の実装クラスがある場合はSpring Framework側でどのクラスをインジェクションするかの判別ができません。そのため、どのクラスをインジェクションするのかを明示的に定義する必要があります。

例えば**リスト4.3.10**のMessageServiceを実装した、JapaneseMessageService、EnglishMessageServiceがあるとします（**リスト4.3.11**、**4.3.12**）。この2つの実装クラスでは、@Componentアノテーションにパラメータで名前を付与しています。

リスト4.3.10

```
interface MessageService {
    // 省略
}
```

リスト4.3.11

```
@Component("JapaneseMessageService")
class JapaneseMessageService : MessageService {
    // 省略
}
```

リスト4.3.12

```
@Component("EnglishMessageService")
class EnglishMessageService : MessageService {
    // 省略
}
```

わかりやすいようにクラス名と同一にしていますが、任意の名前で問題ありません。そして呼び出し側のクラスでインジェクションするには、**リスト4.3.13**のように記述します。

リスト4.3.13

```
@RestController
@RequestMapping("greeter")
class GreeterController(
    @Qualifier("EnglishMessageService")
    private val messageService: MessageService
) {
    // 省略
}
```

インジェクション対象のコンストラクタ引数に対して、`@Qualifier`というアノテーションを使い、インジェクション対象の名前を指定しています。ここで指定しているのは前述の`@Component`アノテーションで指定した名前です（クラス名ではありません）。これで`messageService`には、`EnglishMessageService`クラスのインスタンスがインジェクションされるようになります。

ここではコンストラクタインジェクションを使って説明しましたが、フィールドインジェクション、セッターインジェクションを使う場合も同様です。

基本的にはコンストラクタインジェクションを使う

現在のSpring Frameworkでは、基本的にコンストラクタインジェクションを使うことが推奨されています。主に次のような理由になります。

- インジェクション対象のオブジェクトを不変にすることができる
- 依存している対象がコンストラクタに並べられるため、クラスの責務が多くなってきたときに気付きやすい
- 循環依存を防ぐことができる
- テストコードで、Spring Frameworkに依存させない（コンテナを使用しない）形でインジェクションするオブジェクトの差し替えができる

もし依存するコンポーネントを実行時に差し替えたい場合などはフィールドインジェクションが使えるかもしれませんが、考えられるシーンはあまり多くありません。

第6章からの実践のアプリケーション開発でも、すべてコンストラクタインジェクションを使用しています。多くのコードで本章で紹介した記述が出てくるので、しっかり覚えておいていただければと思います。

第5章 O/Rマッパーを使用してデータベースへ接続する

リレーショナルデータベースは、多くのWebアプリケーションのサーバーサイド開発において使われているミドルウェアです。それをプログラムから扱うためのフレームワークであるO/Rマッパーも、とても重要な要素になってきます。次の第6章から作成する実践のアプリケーションでも使用しています。本章では、MySQLで構築したデータベースに対し、O/RマッパーのMyBatisを使用してKotlinからアクセスするコードを実装し、Kotlinでのデータベースの扱いを学んでいただければと思います。

1 MyBatisとは？

MyBatisは、Java製のO/Rマッパーの一つです。もともとはXMLにSQLを記述し、コードで定義した関数と紐付(ひもづ)けることでSQLの発行や、データベースの操作を実現するものでした。

最近のバージョン（執筆時点での最新バージョンは3.5.6）では、MyBatis Dynamic SQLというコード上でクエリを構築できる方式が追加されており、その実行に必要なコードをKotlinで生成するGeneratorも用意されています。そのためもともとJava製ではありますが、Kotlinからも扱いやすいO/Rマッパーとなっています。

2 DockerでMySQLの環境構築

MyBatisを使用するにあたり、先にローカル環境でデータベースを使えるようにします。今回使用するのはMySQLです。

Docker Desktopのインストール

ローカルにMySQLを直接インストールするのではなく、Dockerのコンテナを立ち上げる形で用意します。そのため、先にDocker Desktopをインストールしてください。

インストーラーのダウンロード

Docker公式サイトのダウンロードページ注1へ行くと**図5.1**のような画面が表示されるので、Macの場合は「Docker Desktop for Mac」、Windowsの場合は「Docker Desktop for Windows」を選択します。

図5.1

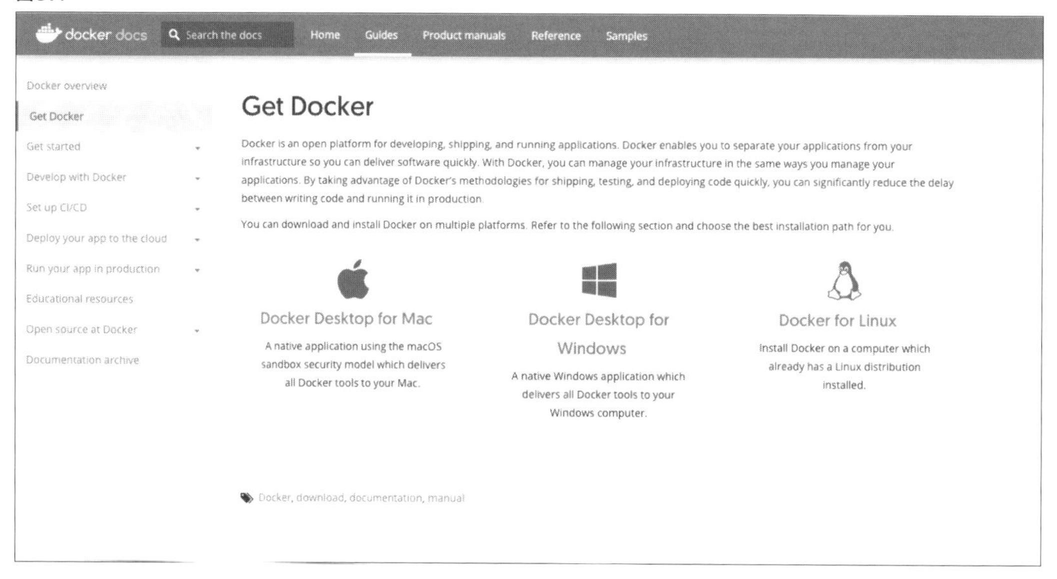

いずれも**図5.2**のような画面が表示されるので、[Download from Docker Hub]を押下します。

図5.2

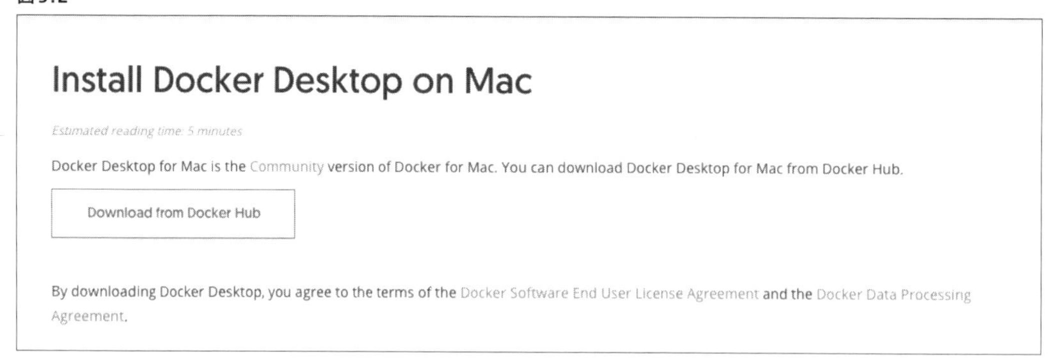

そして**図5.3**のような画面が表示されるので、[Get Docker]を押下するとMacではdmgファイル、Windowsではインストーラーのexeファイルがダウンロードされます。

注1　https://docs.docker.com/get-docker/

図5.3

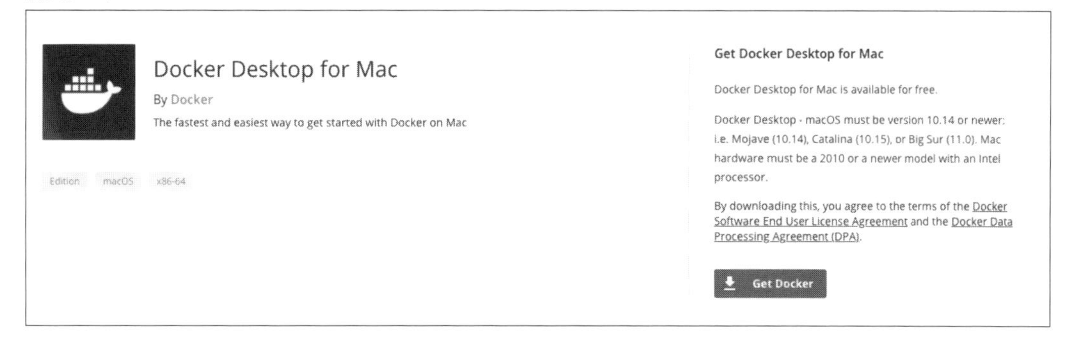

図5.2、**5.3**はMacの画面を使用していますが、Windowsの場合はそれぞれ「for Mac」の部分が「for Windows」になっています。

Macでのインストール、起動

ダウンロードしたdmgファイルを開くと**図5.4**の画面が表示されるので、Docker.appをApplicationsディレクトリにドラッグ＆ドロップしてください。

図5.4

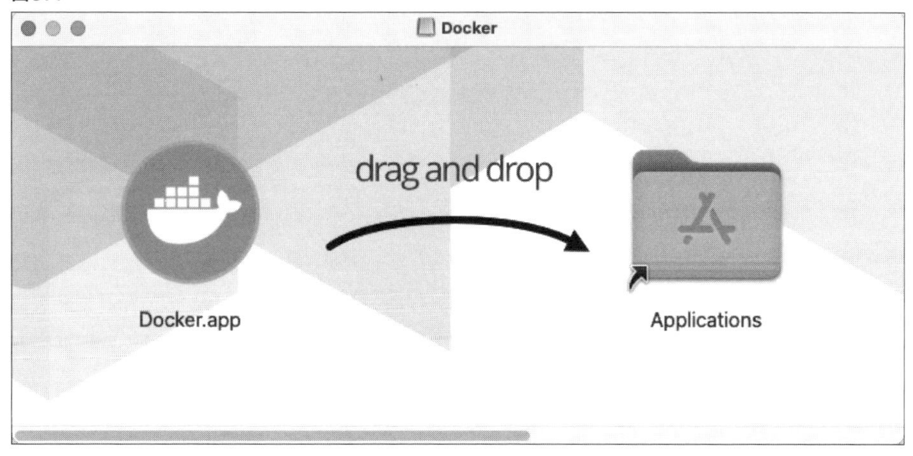

インストールはこれで完了です。

Applicationsディレクトリ配下のDocker.appを起動し、画面上部のDockerのアイコンからメニューを開き、「Docker Desktop is running」がグリーンになっていれば起動成功です（**図5.5**）。

図5.5

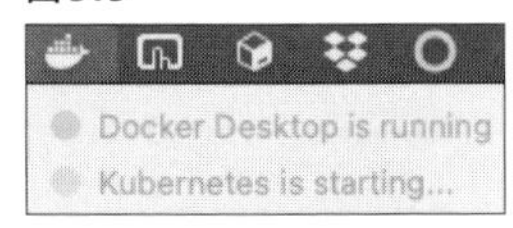

Windowsでのインストール、起動

ダウンロードしたexeファイルを開くと、**図5.6**のような画面が表示されます。「Install required Windows components for WSL 2」のチェックを外し、[OK]を押下します。

図5.6

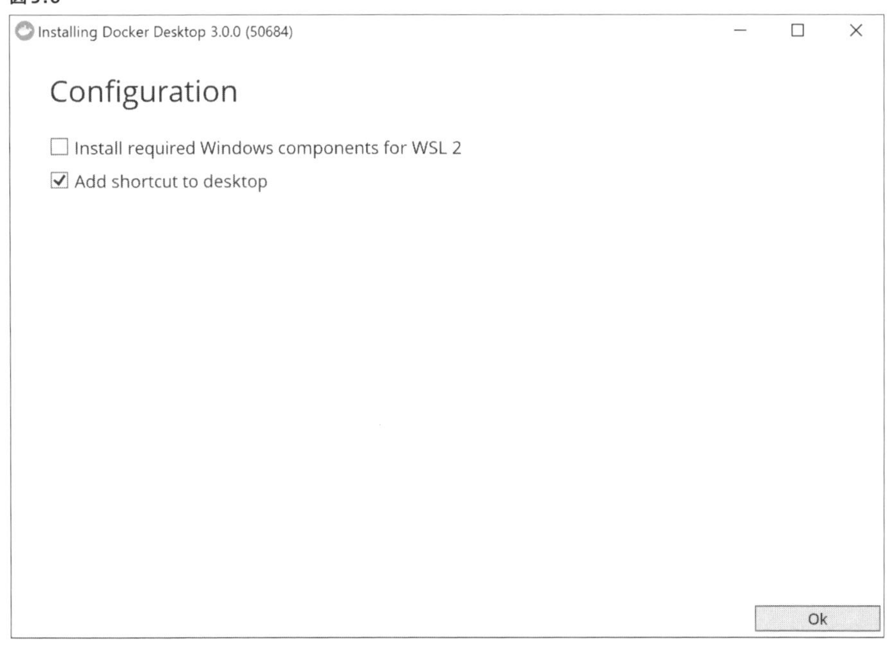

インストールが完了すると**図5.7**のような画面が表示されるので、[Close and restart]を押下します。

図5.7

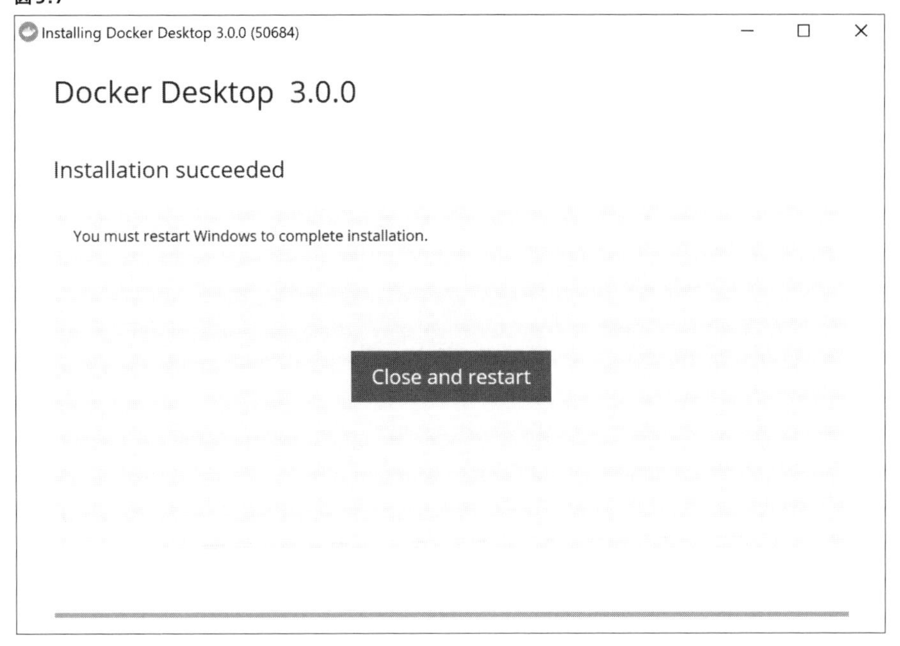

図5.8のような画面が表示され、左下に「Docker running」とグリーンのマークで表示されていれば起動成功です。

図5.8

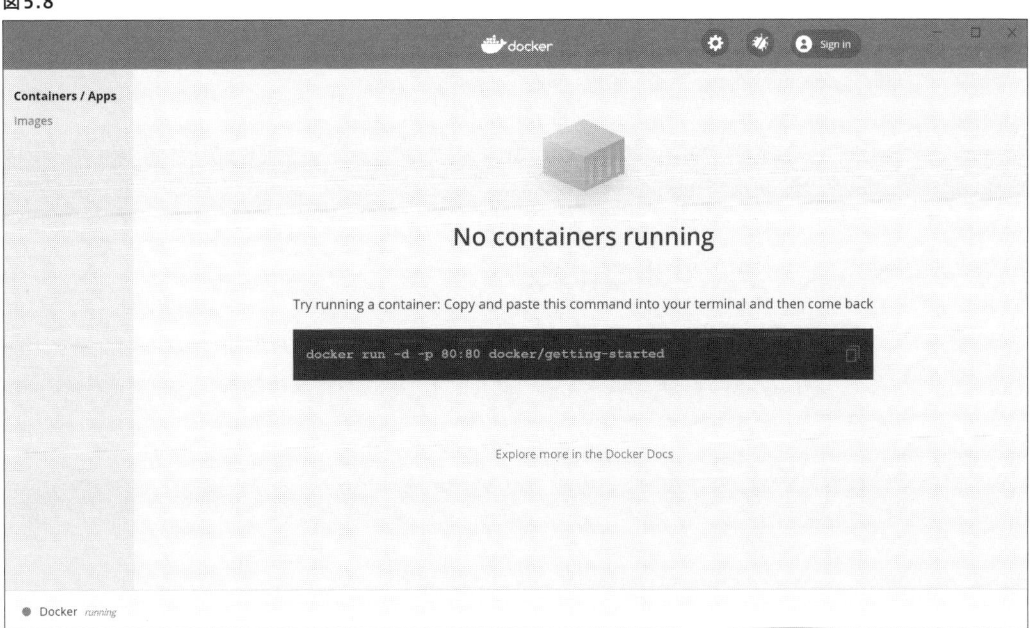

MySQLのコンテナを起動

ターミナルソフト（Macではターミナル、WindowsではコマンドプロンプトかPowerShellなど）から**コマンド5.2.1**のコマンドを実行します。コマンドの詳細な説明は省きますが、rootユーザーのパスワードを「mysql」、ポートが「3306」で「mysql」という名前のコンテナを、MySQLのDockerイメージを使用して起動しています。

コマンド5.2.1

```
$ docker container run --rm -d -e MYSQL_ROOT_PASSWORD=mysql -p 3306:3306 --name mysql mysql
341f0b0bdcb2b61f853af9758dda15216b0739e7d38642a75cc5e925ad69e0b6
```

コマンドの下に表示されているハッシュ値は、起動したコンテナのIDです。起動が成功すると表示されます。表示されたら、続いてコマンド`docker container ls`を実行します。**コマンド5.2.2**のように、起動したmysqlコンテナが表示されます。

コマンド5.2.2

```
$ docker container ls
CONTAINER ID   IMAGE   COMMAND                  CREATED      STATUS      PORTS                ⮐
           NAMES
581b8c2aebfc   mysql   "docker-entrypoint.s…"   3 days ago   Up 3 days   0.0.0.0:3306->3306/tcp, ⮐
33060/tcp   mysql
```

そして**コマンド5.2.3**のコマンドで、MySQLにログインしてください。Dockerのコンテナとして立ち上げているため、ローカルのMySQLに接続するのとは違い、ホストとポートも指定する必要があります。

コマンド5.2.3

```
$ mysql -h 127.0.0.1 --port 3306 -uroot -pmysql
```

データベース、テーブルの作成

ログインに成功したら、本章で使用するデータベースとテーブルを作成します。まずexampleという名前でデータベースを作成し（**コマンド5.2.4**）、切り替えます（**コマンド5.2.5**）。

コマンド5.2.4

```
mysql> create database example;
```

コマンド5.2.5

```
mysql> use example;
Database changed
```

そして**リスト5.2.6**のCreate文でテーブルを作成してください。

リスト5.2.6

```
CREATE TABLE user (
  id int(10) NOT NULL,
  name varchar(16) NOT NULL,
  age int(10) NOT NULL,
  profile varchar(64) NOT NULL,
  PRIMARY KEY (id)
) ENGINE=InnoDB DEFAULT CHARSET=utf8;
```


show tablesコマンドで、テーブルが作成されていることを確認します（**コマンド5.2.7**）。

コマンド5.2.7

```
mysql> show tables;
+------------------+
| Tables_in_example |
+------------------+
| user             |
+------------------+
```

最後に**リスト5.2.8**のクエリでサンプルデータを登録します。

リスト5.2.8

```
insert into user values (100, "Ichiro", 30, "Hello"), (101, "Jiro", 25, "Hello"), (102, "Saburo", ↵
20, "Hello");
```

Select文でデータが入っていることを確認し、データベースの準備は完了です（**コマンド5.2.9**）。

コマンド5.2.9

```
mysql> select * from user;
+-----+--------+-----+---------+
| id  | name   | age | profile |
+-----+--------+-----+---------+
| 100 | Ichiro |  30 | Hello   |
| 101 | Jiro   |  25 | Hello   |
| 102 | Saburo |  20 | Hello   |
+-----+--------+-----+---------+
3 rows in set (0.00 sec)
```

これ以降の説明に関しては、Macの環境を使用して進めていきます。

3 MyBatisの導入

次に、MyBatisを使用したプロジェクトを作成します。第1章で紹介した手順に従い、IntelliJ IDEAでKotlinのプロジェクトを作成してください。それに対して、いくつか設定を追加していきます。

build.gradle.ktsに依存関係の追加

build.gradle.ktsにいくつか記述を追加します。まず、`plugins`のブロックに**リスト5.3.1**の行を追加してください。

リスト5.3.1

```
id("com.arenagod.gradle.MybatisGenerator") version "1.4"
```

これは後述するMyBatisのコード生成で使用する、Gradleのプラグインを追加しています。次に、`dependencies`ブロックに**リスト5.3.2**の4行を追加してください。

リスト5.3.2

```
implementation("org.mybatis:mybatis:3.5.6")
implementation("org.mybatis.dynamic-sql:mybatis-dynamic-sql:1.2.1")
implementation("mysql:mysql-connector-java:8.0.23")
mybatisGenerator("org.mybatis.generator:mybatis-generator-core:1.4.0")
```

`mybatis`、`mysql-connector-java`はMyBatisと、MySQLでのDB接続で使用するコネクタのライブラリの依存関係を追加しています。`mybatis-dynamic-sql`は、こちらも後述する自動生成コードで使用されるライブラリです。`mybatis-generator-core`は、コード生成を実行するライブラリです。

そしてファイルの末尾に、**リスト5.3.3**のブロックを追加してください。

リスト5.3.3

```
mybatisGenerator {
    verbose = true
    configFile = "${projectDir}/src/main/resources/generatorConfig.xml"
}
```

これはここまで追加したプラグイン、ライブラリを使用してコード生成を実行するGradleのタスクを定義しています。`configFile`で設定しているパスは後述する設定ファイルのパスになります。

build.gradle.ktsのファイル全体としては、**リスト5.3.4**のようになります。

リスト5.3.4

```
import org.jetbrains.kotlin.gradle.tasks.KotlinCompile

plugins {
    id("com.arenagod.gradle.MybatisGenerator") version "1.4"
    kotlin("jvm") version "1.4.30"
}

group = "org.example"
version = "1.0-SNAPSHOT"

repositories {
    mavenCentral()
}

dependencies {
    implementation("org.jetbrains.kotlin:kotlin-stdlib-jdk8")
    implementation("org.mybatis:mybatis:3.5.6")
    implementation("org.mybatis.dynamic-sql:mybatis-dynamic-sql:1.2.1")
    implementation("mysql:mysql-connector-java:8.0.23")
    mybatisGenerator("org.mybatis.generator:mybatis-generator-core:1.4.0")
    testImplementation(kotlin("test-junit"))
}

tasks.withType<KotlinCompile>() {
    kotlinOptions.jvmTarget = "11"
}

mybatisGenerator {
    verbose = true
    configFile = "${projectDir}/src/main/resources/generatorConfig.xml"
}
```

MyBatis Generatorを使用したコード生成

MyBatisでは、データベース上のテーブルの構造に併せていくつかのファイルを作成する必要があります。それらのコードを作るために、前述のbuild.gradle.ktsの説明でも書いていたMyBatis Generatorを使います。

設定ファイルの追加

プロジェクトのsrc/main/resources配下にgeneratorConfig.xmlという名前で**リスト5.3.5**の内容のファイルを作成してください。

リスト5.3.5

```
 1: <?xml version="1.0" encoding="UTF-8" ?>
 2: <!DOCTYPE generatorConfiguration PUBLIC "-//mybatis.org//DTD
 3:   MyBatis Generator Configuration 1.0//EN"
 4:         "http://mybatis.org/dtd/mybatis-generator-config_1_0.dtd" >
 5: <generatorConfiguration>
 6:     <!-- mysql-connector-javaのパスは各自の環境に合わせて変更 -->
 7:     <classPathEntry
 8:             location="/Users/takehata/.gradle/caches/modules-2/files-2.1/mysql/mysql-connector-➚
   java/8.0.23/d8d388e71c823570662a45dd33f4284141921280/mysql-connector-java-8.0.23.jar"/>
 9:     <context id="MySQLTables" targetRuntime="MyBatis3Kotlin">
10:         <plugin type="org.mybatis.generator.plugins.MapperAnnotationPlugin"/>
11:         <commentGenerator>
12:             <property name="suppressDate" value="true"/>
13:         </commentGenerator>
14:         <jdbcConnection
15:                 driverClass="com.mysql.jdbc.Driver"
16:                 connectionURL="jdbc:mysql://127.0.0.1:3306/example"
17:                 userId="root"
18:                 password="mysql">
19:             <property name="nullCatalogMeansCurrent" value="true" />
20:         </jdbcConnection>
21:         <javaModelGenerator
22:                 targetPackage="database"
23:                 targetProject="src/main/kotlin">
24:         </javaModelGenerator>
25:         <javaClientGenerator
26:                 targetPackage="database"
27:                 targetProject="src/main/kotlin">
28:         </javaClientGenerator>
29:         <table tableName="user"/>
30:     </context>
31: </generatorConfiguration>
```

MyBatis Generatorを実行するための設定ファイルになります。いくつかポイントを説明します。

まず、7〜8行目の`classPathEntry`の要素で指定している`mysql-connector-java`のパスです。これはコード生成タスクの実行時にMySQLへ接続してテーブル情報を参照するため、その接続に使うためのコネクターのライブラリを指定しています。Gradleの依存関係で追加したため、$HOME/.gradle配下をたどっていくとダウンロードされたjarファイルがあるので、それを指定します。

次に、9行目の`targetRuntime="MyBatis3Kotlin"`で生成に使用するGeneratorを指定しています。このMyBatis3Kotlinを使うことで、Kotlinのコードが生成できます。

14〜20行目の`jdbcConnection`で指定しているのが、コード生成したい対象のテーブルが含まれるデータベースの情報です。接続先のURL（ホスト、ポート、データベース名）、ユーザーのID、パスワードを指定しています。また、19行目で`<property name="nullCatalogMeansCurrent" value="true" />`というプロパティを指定していますが、MySQL 8系を使用している場合、この記述がないと`information_` schemaやperformance_schemaが対象に含まれ、不要なコードが生成されてしまいます。

そして21〜28行目のjavaModelGenerator、javaClientGeneratorで指定しているのがコードの出力先の情報です。targetPackageは出力先のパッケージを指定し、targetProjectはプロジェクト内の出力先のパスを指定しています。ここではsrc/main/kotlin配下の、databaseパッケージに出力されるように設定しています。

最後に29行目の<table tableName="user"/>で対象のテーブル名を指定しています。テーブルを追加する場合は、このtable要素を追加することで対応できます。また、<table tableName="%"/>とワイルドカードを指定することで、対象のデータベースのすべてのテーブルに対して実行することができます。

コード生成の実行

ターミナルで**コマンド5.3.6**のコマンドを実行、もしくはIntelliJ IDEAのGradleビューから[Tasks]→[other]→[mbGenerator]で「MyBatisGenerator」のタスクを実行します。

コマンド5.3.6

```
$ ./gradlew mbGenerator
```

src/main/kotlin配下にdatabaseというパッケージが作られ、その下に次の4つのファイルが生成されていると思います。

- UserRecord.kt
- UserDynamicSqlSupport.kt
- UserMapper.kt
- UserMapperExtensions.kt

それぞれを簡単に説明します。

まず、UserRecord.ktはテーブル構造に対応したデータクラスです。カラムの名前、型に応じたプロパティで生成されています（**リスト5.3.7**）。各レコードのデータをこのオブジェクトに入れて扱います。

リスト5.3.7

```
data class UserRecord(
    var id: Int? = null,
    var name: String? = null,
    var age: Int? = null,
    var profile: String? = null
)
```

UserDynamicSqlSupport.ktは、後述するMapperを使用してのクエリ実行時に、カラム指定のパラメータとして使用するフィールドが定義されています（**リスト5.3.8**）。こちらもカラムの名前、型を使用してカラムごとにSqlColumnというクラスを使用して作られています。

リスト5.3.8

```
object UserDynamicSqlSupport {
    object User : SqlTable("user") {
        val id = column<Int>("id", JDBCType.INTEGER)

        val name = column<String>("name", JDBCType.VARCHAR)

        val age = column<Int>("age", JDBCType.INTEGER)

        val profile = column<String>("profile", JDBCType.VARCHAR)
    }
}
```

UserMapper.ktは、基本的なクエリ発行の関数が定義されたインターフェースです（**リスト5.3.9**）。SelectやInsertといった、基本的なDML（Data Manipulation Language、データ操作言語）で使用する関数が含まれています。

リスト5.3.9

```
@Mapper
interface UserMapper {
    @SelectProvider(type=SqlProviderAdapter::class, method="select")
    fun count(selectStatement: SelectStatementProvider): Long

    @DeleteProvider(type=SqlProviderAdapter::class, method="delete")
    fun delete(deleteStatement: DeleteStatementProvider): Int

    @InsertProvider(type=SqlProviderAdapter::class, method="insert")
    fun insert(insertStatement: InsertStatementProvider<UserRecord>): Int

    @InsertProvider(type=SqlProviderAdapter::class, method="insertMultiple")
    fun insertMultiple(multipleInsertStatement: MultiRowInsertStatementProvider<UserRecord>): Int

    @SelectProvider(type=SqlProviderAdapter::class, method="select")
    @ResultMap("UserRecordResult")
    fun selectOne(selectStatement: SelectStatementProvider): UserRecord?

    @SelectProvider(type=SqlProviderAdapter::class, method="select")
    @Results(id="UserRecordResult", value = [
        Result(column="id", property="id", jdbcType=JdbcType.INTEGER, id=true),
        Result(column="name", property="name", jdbcType=JdbcType.VARCHAR),
        Result(column="age", property="age", jdbcType=JdbcType.INTEGER),
        Result(column="profile", property="profile", jdbcType=JdbcType.VARCHAR)
```

```
    ])
    fun selectMany(selectStatement: SelectStatementProvider): List<UserRecord>

    @UpdateProvider(type=SqlProviderAdapter::class, method="update")
    fun update(updateStatement: UpdateStatementProvider): Int
}
```

そしてUserMapperExtensions.ktは、UserMapperの関数を使用してクエリを実行する、拡張関数が定義されています（**リスト5.3.10**）。実際のクエリの実行処理はこちらの拡張関数を使用することが多いです。

リスト5.3.10

```
fun UserMapper.count(completer: CountCompleter) =
    countFrom(this::count, User, completer)

fun UserMapper.delete(completer: DeleteCompleter) =
    deleteFrom(this::delete, User, completer)

fun UserMapper.deleteByPrimaryKey(id_: Int) =
    delete {
        where(id, isEqualTo(id_))
    }

fun UserMapper.insert(record: UserRecord) =
    insert(this::insert, record, User) {
        map(id).toProperty("id")
        map(name).toProperty("name")
        map(age).toProperty("age")
        map(profile).toProperty("profile")
    }

    // 省略
```

これらの自動生成ファイルは基本的に手を加えることはありません。この中にあるインターフェースや関数を呼び出してクエリの実行処理を実装する形になります。次はその呼び出し側の処理の実装を紹介します。

4 MyBatisでCRUDを作成する

事前準備が長くなりましたが、いよいよMyBatisを使用したデータベースへアクセスするCRUD（Create = Insert、Read = Select、Update、Delete）を実装します。その前にもう一つ設定ファイルが必要で、src/main/resourcesの配下にmybatis-config.xmlという名前で、**リスト5.4.1**の内容のファイルを作成してください。

リスト5.4.1

```
<?xml version="1.0" encoding="UTF-8" ?>
<!DOCTYPE configuration
        PUBLIC "-//mybatis.org//DTD Config 3.0//EN"
        "http://mybatis.org/dtd/mybatis-3-config.dtd">
<configuration>
    <environments default="development">
        <environment id="development">
            <transactionManager type="JDBC"/>
            <dataSource type="POOLED">
                <property name="driver" value="com.mysql.jdbc.Driver"/>
                <property name="url" value="jdbc:mysql://127.0.0.1:3306/example"/>
                <property name="username" value="root"/>
                <property name="password" value="mysql"/>
            </dataSource>
        </environment>
    </environments>
    <mappers>
        <mapper class="database.UserMapper"/>
    </mappers>
</configuration>
```

前述のgeneratorConfig.xmlはMyBatis Generatorを実行するときに使用する設定でしたが、こちらはプログラム上でMyBatisを使用する際に必要な設定です。このファイルにもデータベースへの接続情報が書かれています。また、`mappers`という要素の中で、MyBatis Generatorで生成した`UserMapper`を登録しています。テーブルを追加し、新たに`xxxxMapper`を生成した場合はこちらにも設定の追加が必要になります。

そして任意のKotlinのファイルを作成し、**リスト5.4.2**の関数を記述してください。

リスト5.4.2

```
fun createSessionFactory(): SqlSessionFactory {
    val resource = "mybatis-config.xml"
    val inputStream = Resources.getResourceAsStream(resource)
    return SqlSessionFactoryBuilder().build(inputStream)
}
```

mybatis-config.xmlのファイルを読み込み、`SqlSessionFactory`というインターフェースのオブジェクトを作成しています。これはデータベースに対して張るセッションを作成するオブジェクトです。この関数はここから紹介する各クエリの実行処理で毎回使用します。

ファイルの読み込みに使用している`Resources`クラスは、同様の名前のものが複数存在するため紛らわしいのですが、この処理では`org.apache.ibatis.io.Resources`をインポートしてください。

Selectの実装方法

それではクエリの実行処理の説明に入ります。まずはSelect文です。

主キー検索

Select文を実行する処理はいくつかパターンかありますが、まずは一番シンプルな主キー検索の処理からです。**リスト5.4.3**を見てください。

リスト5.4.3

```
createSessionFactory().openSession().use { session ->
    val mapper = session.getMapper(UserMapper::class.java)
    val user = mapper.selectByPrimaryKey(100)
    println(user)
}
```

> 実行結果

```
UserRecord(id=100, name=Ichiro, age=30, profile=Hello)
```

前述のcreateSessionFactory関数を呼び出しSqlSessionFactoryを作成し、openSessionという関数を呼び出しています。これでデータベースへの接続を確立します。後ろに続くuseはLoanパターン[注2]を実現する関数で、ファイルやセッションなどリソース系のオブジェクトを扱う際、このブロック内での処理が終了するとリソースをクローズしてくれます。詳細の説明は省きますが、リソース系のオブジェクトでJavaのCloseableというインターフェースの実装クラスに対する拡張関数として定義されています。

useブロックの中の処理で、クエリを実行しています。openSessionにより生成されたsessionを使いgetMapper(UserMapper::class.java)でuserテーブルに対するMapperオブジェクト(UserMapper)を取得しています。そしてmapperのselectByPrimaryKey関数で、userテーブルへの主キー検索を実行します。このselectByPrimaryKey関数は、UserMapperExtensions.ktで定義されていた拡張関数になります。引数として100を渡しているため、idが100のレコードの情報がUserRecord型のオブジェクトとして取得されています。

このようにopenSessionでセッションを開始し、必要なテーブルのMapperオブジェクトを取得し、クエリを実行する関数を呼び出す、というのがMyBatisを使ったデータベース接続処理の一連の流れとなります。

注2 リソース（ファイルやコネクション等）のオブジェクトを使用後に半自動的に解放するデザインパターン。

Where句での検索

次は主キー以外のカラムを条件に指定しての検索です。**リスト5.4.4**のように実装することで、where句での検索条件の指定ができます。

リスト5.4.4

```
createSessionFactory().openSession().use { session ->
    val mapper = session.getMapper(UserMapper::class.java)
    val userList = mapper.select {
        where(name, isEqualTo("Jiro"))
    }
    println(userList)
}
```

> 実行結果

```
[UserRecord(id=101, name=Jiro, age=25, profile=Hello)]
```

セッションの開始から、Mapperオブジェクトの取得までは主キー検索のときと同様です。今度は`select`関数を呼び出しています。`select`関数は、where句での条件指定などをラムダ式で渡すことができます。ここでは`where`関数を使用して対象のカラム、条件を指定しています。

`where`関数の第1引数で渡している`name`は、UserDynamicSqlSupport.ktで定義されている`name`カラムのオブジェクトです。他のカラムを指定する場合も、同様にここで定義されているオブジェクトを使用します。第2引数では`isEqualTo`という関数の実行結果を渡しています。これはGradleの依存関係で追加していた`mybatis-dynamic-sql`に含まれる`SqlBuilder`インターフェースで定義されている関数で、様々な条件式に応じた関数が用意されています。ここでは`name`カラムの値が`Jiro`のレコードを取得しています。`select`の場合は主キー検索ではなく、複数件のレコードを取得する可能性があるため、`UserRecord`のList型のオブジェクトとして結果が返ってきます。

実行クエリとしては**リスト5.4.5**に等しいです。

リスト5.4.5

```
select id, name, age, profile from user where name = "Jiro";
```

別の条件指定も試してみます。**リスト5.4.6**を見てください。

リスト5.4.6

```
createSessionFactory().openSession().use { session ->
    val mapper = session.getMapper(UserMapper::class.java)
    val userList = mapper.select {
        where(age, isGreaterThanOrEqualTo(25))
    }
```

```
    println(userList)
}
```

> 実行結果

```
[UserRecord(id=100, name=Ichiro, age=30, profile=Hello), UserRecord(id=101, name=Jiro, age=25, 
profile=Hello)]
```

こちらはカラムにage、条件としてisGreaterThanOrEqualToという関数を使用しています。これはageが25以上のカラムを条件としています。該当する2件のレコードのオブジェクトを含んだリストが取得できるのがわかります。

クエリでは、**リスト5.4.7**が等しくなります。

リスト5.4.7

```
select id, name, age, profile from user where age >= 25;
```

countの使用

Select文でもう一つ、countを紹介します。SQLのcount関数に当たる処理になります。**リスト5.4.8**を見てください。

リスト5.4.8

```
createSessionFactory().openSession().use { session ->
    val mapper = session.getMapper(UserMapper::class.java)
    val count = mapper.count {
        where(age, isGreaterThanOrEqualTo(25))
    }
    println(count)
}
```

> 実行結果

```
2
```

Mapperオブジェクトのcount関数を呼び出しています。これは引数のラムダ式で指定した条件に該当するレコードの件数を、Long型の数値として返します。

ここでもageが25以上という条件をwhereで指定しているため、該当するレコード数の2が結果として返ってきています。

またwhereの条件として、**リスト5.4.9**のようにallRowsという関数を使用すると、全レコードを対象にできます。

リスト5.4.9

```
createSessionFactory().openSession().use { session ->
    val mapper = session.getMapper(UserMapper::class.java)
    val count = mapper.count { allRows() }
    println(count)
}
```

> 実行結果

```
3
```

全レコードの件数である3が結果として返ってきています。

Insertの実装方法

次はInsertです。単一レコード、複数レコードで別の関数が用意されているので、それぞれ紹介します。

単一レコードのInsert

リスト5.4.10を見てください。

リスト5.4.10

```
import database.insert
// 省略

val user = UserRecord(103, "Shiro", 18, "Hello")
createSessionFactory().openSession().use { session ->
    val mapper = session.getMapper(UserMapper::class.java)
    val count = mapper.insert(user)
    session.commit()
    println("${count}行のレコードを挿入しました")
}
```

> 実行結果

```
1行のレコードを挿入しました
```

Selectと同じくMapperオブジェクトを取得し、UserMapperExtensions.ktの`insert`関数を実行しています。`insert`の引数は対象テーブルのxxxxRecord型（ここではUserRecord型）のオブジェクトで、登録したいデータの内容を設定したインスタンスを生成し、引数に渡します。そして戻り値には、登録した件数が返ってくるため、実行結果に出力しています。**リスト5.4.10**にはimport文が記載されていますが、こちらのimport文を書かないと`UserMapper`インターフェースのほうの`insert`関数が呼ばれエラーになってしまうため、必要になります。本章では同様にimport文を記載したサンプルがいくつか出てくるので、同様にimport文を手動で追記してください。

insert関数の実行後には、コミットを実行しています。SqlSessionのcommit関数を呼ぶことでInsertの結果がコミットされます。

ターミナルからSQLを実行し結果を確認すると、idが103のデータが登録されています（**コマンド5.4.11**）。

コマンド5.4.11

```
mysql> select * from user;
+-----+--------+-----+---------+
| id  | name   | age | profile |
+-----+--------+-----+---------+
| 100 | Ichiro |  30 | Hello   |
| 101 | Jiro   |  25 | Hello   |
| 102 | Saburo |  20 | Hello   |
| 103 | Shiro  |  18 | Hello   |
+-----+--------+-----+---------+
4 rows in set (0.01 sec)
```

複数レコードのInsert

リスト5.4.12のようにinsertMultipleを使うことで複数レコードをまとめてInsertできます。

リスト5.4.12

```
import database.insertMultiple
// 省略

val userList = listOf(UserRecord(104, "Goro", 15, "Hello"), UserRecord(105, "Rokuro", 13, "Hello"))
createSessionFactory().openSession().use { session ->
    val mapper = session.getMapper(UserMapper::class.java)
    val count = mapper.insertMultiple(userList)
    session.commit()
    println("${count}行のレコードを挿入しました")
}
```

> 実行結果

```
2行のレコードを挿入しました
```

引数にはオブジェクトのListを渡します。ここでは2レコードのデータを含んだListを渡しているため、戻り値としても2が返ってきています。こちらもターミナルで追加されていることが確認できます（**コマンド5.4.13**）。

コマンド5.4.13

```
mysql> select * from user;
+-----+--------+-----+---------+
| id  | name   | age | profile |
+-----+--------+-----+---------+
| 100 | Ichiro |  30 | Hello   |
| 101 | Jiro   |  25 | Hello   |
| 102 | Saburo |  20 | Hello   |
| 103 | Shiro  |  18 | Hello   |
| 104 | Goro   |  15 | Hello   |
| 105 | Rokuro |  13 | Hello   |
+-----+--------+-----+---------+
6 rows in set (0.01 sec)
```

Updateの実装方法

次はUpdateです。こちらも複数種類あるため、それぞれ説明します。

主キーを検索条件としたレコードの更新

リスト5.4.14を見てください。

リスト5.4.14

```
val user = UserRecord(id = 105, profile = "Bye")
createSessionFactory().openSession().use { session ->
    val mapper = session.getMapper(UserMapper::class.java)
    val count = mapper.updateByPrimaryKeySelective(user)
    session.commit()
    println("${count}行のレコードを更新しました")
}
```

> 実行結果

```
1行のレコードを更新しました
```

updateByPrimaryKeySelective関数は、テーブルのRecordオブジェクトを引数に受け取り、主キーに該当するカラム（UserRecordではid）に設定されている値に一致するレコードを対象に、オブジェクトに設定された値でデータを更新します。Insertと同様、更新したレコード数を戻り値として返します。

更新されるのは値が設定されているカラムのみで、nullの設定されたカラムは更新されません。そのためここではprofileのみ引数の値で更新されます（**コマンド5.4.15**）。

コマンド5.4.15

```
mysql> select * from user;
+-----+--------+-----+---------+
| id  | name   | age | profile |
+-----+--------+-----+---------+
| 100 | Ichiro |  30 | Hello   |
| 101 | Jiro   |  25 | Hello   |
| 102 | Saburo |  20 | Hello   |
| 103 | Shiro  |  18 | Hello   |
| 104 | Goro   |  15 | Hello   |
| 105 | Rokuro |  13 | Bye     |
+-----+--------+-----+---------+
6 rows in set (0.00 sec)
```

Selectiveの付かないupdateByPrimaryKeyという関数もあり、そちらを使うとすべてのカラムを引数のRecordオブジェクトの値で更新します（値が設定されていないカラムはnullで更新しようとします）。

主キー以外のカラムを検索条件としたレコードの更新（Recordオブジェクトを使わない場合）

Recordオブジェクトを使わずに、**リスト5.4.16**のように更新することもできます。

リスト5.4.16

```
import database.update
// 省略

createSessionFactory().openSession().use { session ->
    val mapper = session.getMapper(UserMapper::class.java)
    val count = mapper.update {
        set(profile).equalTo("Hey")
        where(id, isEqualTo(104))
    }
    session.commit()
    println("${count}行のレコードを更新しました")
}
```

>実行結果

```
1行のレコードを更新しました
```

set(profile).equalTo("Hey")でprofileを「Hey」という文字列で更新することを指定しています。SQLのUpdate文のSet句にあたるものです。そしてSelectと同様、whereで条件を指定しています。ここではidが104のレコードが更新されます（**コマンド5.4.17**）。

コマンド5.4.17

```
mysql> select * from user;
+-----+--------+-----+---------+
| id  | name   | age | profile |
+-----+--------+-----+---------+
| 100 | Ichiro |  30 | Hello   |
| 101 | Jiro   |  25 | Hello   |
| 102 | Saburo |  20 | Hello   |
| 103 | Shiro  |  18 | Hello   |
| 104 | Goro   |  15 | Hey     |
| 105 | Rokuro |  13 | Bye     |
+-----+--------+-----+---------+
6 rows in set (0.00 sec)
```

主キー以外のカラムを検索条件としたレコードの更新（Recordオブジェクトを使う場合）

主キー以外のカラムを条件にした更新でも、Recordオブジェクトを使うことはできます。**リスト5.4.18**を見てください。

リスト5.4.18

```
val user = UserRecord(profile = "Good Morning")
createSessionFactory().openSession().use { session ->
    val mapper = session.getMapper(UserMapper::class.java)
    val count = mapper.update {
        updateSelectiveColumns(user)
        where(name, isEqualTo("Shiro"))
    }
    session.commit()
    println("${count}行のレコードを更新しました")
}
```

> 実行結果

```
1行のレコードを更新しました
```

updateSelectiveColumns関数にRecordオブジェクトを渡し、where関数で条件を指定しています。条件に該当するレコードに対して、Recordオブジェクトで値が設定されているカラム（ここではprofile）のみ更新します（**コマンド5.4.19**）。

コマンド5.4.19

```
mysql> select * from user;
+-----+--------+-----+--------------+
| id  | name   | age | profile      |
+-----+--------+-----+--------------+
| 100 | Ichiro |  30 | Hello        |
| 101 | Jiro   |  25 | Hello        |
| 102 | Saburo |  20 | Hello        |
| 103 | Shiro  |  18 | Good Morning |
| 104 | Goro   |  15 | Hey          |
| 105 | Rokuro |  13 | Bye          |
+-----+--------+-----+--------------+
6 rows in set (0.00 sec)
```

updateSelectiveColumnsの代わりにupdateAllColumnsという関数を使うことで、全カラムをRecordオブジェクトの値で更新することができます。

Deleteの実装方法

最後にDeleteです。こちらも主キーとそれ以外を条件にした場合の実装を紹介します。

主キーを検索条件としたレコードの削除

リスト5.4.20を見てください。

リスト5.4.20

```
createSessionFactory().openSession().use { session ->
    val mapper = session.getMapper(UserMapper::class.java)
    val count = mapper.deleteByPrimaryKey(102)
    session.commit()
    println("${count}行のレコードを削除しました")
}
```

> 実行結果

```
1行のレコードを削除しました
```

Deleteはシンプルで、deleteByPrimaryKey関数に削除したいレコードの主キーの値を渡すことで実行できます。戻り値は削除した件数を返します。

削除後のテーブルの状態は**コマンド5.4.21**です。

コマンド5.4.21

```
mysql> select * from user;
+-----+--------+-----+--------------+
| id  | name   | age | profile      |
+-----+--------+-----+--------------+
| 100 | Ichiro |  30 | Hello        |
| 101 | Jiro   |  25 | Hello        |
| 103 | Shiro  |  18 | Good Morning |
| 104 | Goro   |  15 | Hey          |
| 105 | Rokuro |  13 | Bye          |
+-----+--------+-----+--------------+
5 rows in set (0.00 sec)
```

主キー以外のカラムを検索条件としたレコードの削除

主キー以外のカラムを条件にする場合もDeleteはシンプルで、delete関数にwhere関数で条件を指定したラムダ式を渡すだけです（**リスト5.4.22**）。

リスト5.4.22

```
import database.delete
// 省略

createSessionFactory().openSession().use { session ->
    val mapper = session.getMapper(UserMapper::class.java)
    val count = mapper.delete {
        where(name, isEqualTo("Jiro"))
    }
    session.commit()
    println("${count}行のレコードを削除しました")
}
```

> 実行結果

```
1行のレコードを削除しました
```

削除後のテーブルの状態は**コマンド5.4.23**です。

コマンド5.4.23

```
mysql> select * from user;
+-----+--------+-----+--------------+
| id  | name   | age | profile      |
+-----+--------+-----+--------------+
| 100 | Ichiro |  30 | Hello        |
| 103 | Shiro  |  18 | Good Morning |
| 104 | Goro   |  15 | Hey          |
| 105 | Rokuro |  13 | Bye          |
+-----+--------+-----+--------------+
4 rows in set (0.00 sec)
```

これでいわゆるCRUDを作るための各クエリの実行方法を一通り紹介しました。次はMyBatisをSpring Bootと組み合わせて使う方法を紹介します。

5 Spring BootからMyBatisを使用する

第4章で作成したdemoプロジェクトのSpring Bootアプリケーションに、MyBatisを加えていく形で紹介します。

設定ファイルの作成、コード生成

build.gradle.ktsへの依存関係の追加

プロジェクトのbuild.gradle.ktsにいくつか設定を追加をしていきます。前述のMyBatisでCRUDを作成した際と同様の記述を追加します。まずpluginsブロックに**リスト5.5.1**、ファイルの最後に**リスト5.5.2**を追加してください。MyBatis Generatorに関する記述です。

リスト5.5.1

```
id("com.arenagod.gradle.MybatisGenerator") version "1.4"
```

リスト5.5.2

```
mybatisGenerator {
    verbose = true
    configFile = "${projectDir}/src/main/resources/generatorConfig.xml"
}
```

dependenciesブロックに**リスト5.5.3**の依存関係を追加してください。

リスト5.5.3

```
implementation("org.mybatis.spring.boot:mybatis-spring-boot-starter:2.1.4")
implementation("org.mybatis.dynamic-sql:mybatis-dynamic-sql:1.2.1")
implementation("mysql:mysql-connector-java:8.0.23")
mybatisGenerator("org.mybatis.generator:mybatis-generator-core:1.4.0")
```

ポイントとしてはmybatis-spring-boot-starterを追加している点です。第4章でSpring Bootには他のライブラリやフレームワークを併せて使うための依存関係を追加してくれるstarterが用意されていると説明しましたが、こちらもその一種でMyBatisに対応したstarterになっています。MyBatisに関するライブラリもこちらに含まれており、**リスト5.3.4**で追加していたorg.mybatis:mybatisは不要になります。Spring Initializrでのプロジェクト作成時に追加するDependenciesでも、選択することができます。

設定ファイルの追加

データベースの接続先情報等を書いた設定ファイルも、同様に追加します。src/main/resources配下に、**リスト5.5.4**の内容でgeneratorConfig.xmlを作成してください。

リスト5.5.4

```
<?xml version="1.0" encoding="UTF-8" ?>
<!DOCTYPE generatorConfiguration PUBLIC "-//mybatis.org//DTD
    MyBatis Generator Configuration 1.0//EN"
        "http://mybatis.org/dtd/mybatis-generator-config_1_0.dtd" >
<generatorConfiguration>
    <classPathEntry
            location="/Users/takehata/.gradle/caches/modules-2/files-2.1/mysql/mysql-connector-java/↵
8.0.23/d8d388e71c823570662a45dd33f4284141921280/mysql-connector-java-8.0.23.jar"/>
    <context id="MySQLTables" targetRuntime="MyBatis3Kotlin">
        <plugin type="org.mybatis.generator.plugins.MapperAnnotationPlugin" />
        <commentGenerator>
            <property name="suppressDate" value="true" />
        </commentGenerator>
        <jdbcConnection
                driverClass="com.mysql.jdbc.Driver"
                connectionURL="jdbc:mysql://127.0.0.1:3306/example"
                userId="root"
                password="mysql">
            <property name="nullCatalogMeansCurrent" value="true" />
        </jdbcConnection>
        <javaModelGenerator
                targetPackage="com.example.demo.database"
                targetProject="src/main/kotlin">
        </javaModelGenerator>
        <javaClientGenerator
                targetPackage="com.example.demo.database"
                targetProject="src/main/kotlin">
        </javaClientGenerator>
```

```
        <table tableName="%" />
    </context>
</generatorConfiguration>
```

基本的には前述の**リスト5.3.5**と同様ですが、targetPackageに設定しているパッケージをdemoプロジェクトのものに変更しています。そしてアプリケーションで使用する接続情報ですが、mybatis-spring-boot-starterを使う場合はsrc/main/resources配下にapplication.ymlという名前のファイルを作成し、**リスト5.5.5**のようにYAML形式で記述します。

リスト5.5.5

```
spring:
  datasource:
    url: jdbc:mysql://127.0.0.1:3306/example?characterEncoding=utf8
    username: root
    password: mysql
    driverClassName: com.mysql.jdbc.Driver
```

application.ymlはSpring Frameworkで使用する設定を記述するファイルです。mybatis-spring-boot-starterを使っているため、**リスト5.4.1**で書いていたようなデータソース関連の設定もこちらに書くことができます。

また、もしプロジェクト作成時にapplication.propertiesというファイルができている場合は、そちらを削除してapplication.ymlを作成してください。Spring BootはProperties、YAMLどちらの形式でも設定を定義できるのですが、現在はYAMLを使用することが多いので本書でもこちらを使用しています。

コード生成

設定をすべて記述したら、mbGeneratorタスク（本章「3. MyBatisの導入」の「コード生成の実行」参照）を使ってコードを生成してください。com.cxample.demo配下にdatabaseパッケージが作られ、その下にuserテーブルに対する各ファイルが生成されます。

MySQLのデータを操作するAPIを作成する

MapperオブジェクトをDIして使用し、SelectのAPIを実装する

com.example.demoパッケージ配下に**リスト5.5.6**のControllerクラスを作成します。

リスト5.5.6

```
@Suppress("SpringJavaInjectionPointsAutowiringInspection")
@RestController
@RequestMapping("user")
class UserController(
```

```
    val userMapper: UserMapper
) {
    @GetMapping("/select/{id}")
    fun select(@PathVariable("id") id: Int): UserRecord? {
        return userMapper.selectByPrimaryKey(id)
    }
}
```

パスパラメータでidを受け取り、userテーブルへのSelectを実行した結果をレスポンスとして返却しています。

コンストラクタでUserMapper型の引数を定義していますが、これはコンストラクタインジェクションを使ってMapperオブジェクトをDIしています。mybatis-spring-boot-starterを介して使用することで、セッションの開始と終了、Mapperオブジェクトの取得などをSpring側で行ってくれるので、このようにシンプルに記述できるようになります。

クラスに付与されている@Suppressアノテーションは、警告を無視するために使用するアノテーションです。IntelliJ IDEAがMapperオブジェクトのDIを解決できず表示上はエラーを出してしまうため、こちらで回避しています。ただ、付けていなくてもコンパイルは通り、プログラムの動作上も問題ありません。

そしてbootRunタスクでアプリケーションを起動し、**コマンド5.5.7**のcurlコマンドを実行します。

コマンド5.5.7

```
$ curl http://localhost:8080/user/select/100
{"id":100,"name":"Ichiro","age":30,"profile":"Hello"}
```

ID100に該当するレコードのオブジェクトがJSONで返却されているのがわかります。

InsertのAPIを追加する

もう一つAPIを作ってみます。今度はuserテーブルにInsertを実行するAPIです。登録処理なのでPOSTメソッドのAPIを作成します。リクエスト、レスポンスのクラスは**リスト5.5.8**のように作成します。

リスト5.5.8

```
// リクエスト
data class InsertRequest(val id: Int, val name: String, val age: Int, val profile: String)
// レスポンス
data class InsertResponse(val count: Int)
```

テーブルの各カラムの値をリクエストとして受け取り、登録した件数をレスポンスとして返却します。

そしてUserControllerクラスに**リスト5.5.9**の関数を追加します。

リスト5.5.9

```
import com.example.demo.database.insert
// 省略

@PostMapping("/insert")
fun insert(@RequestBody request: InsertRequest): InsertResponse {
    val record = UserRecord(request.id, request.name, request.age, request.profile)
    return InsertResponse(userMapper.insert(record))
}
```

こちらもDIしたMapperオブジェクトを使用して、Insertを実行する処理を書いています。

リクエストで受け取ったuserテーブルの各カラムの値を使用し、UserRecordのインスタンスを生成しinsert関数を実行しています。トランザクションの管理もSpring Framework側でやってくれるため、commitの実行も不要になっています。レスポンスにはMapperオブジェクトのinsert関数が返却する登録レコード数をそのまま設定しています。

もう一度アプリケーションを起動し、**コマンド5.5.10**のcurlコマンドを実行します。

コマンド5.5.10

```
$ curl -H 'Content-Type:application/json' -X POST -d '{"id":106, "name":"Nanako", "age":7, "profile":
"Good Night"}' http://localhost:8080/user/insert
{"count":1}
```

登録件数の1という数値がcountに設定されてレスポンスとして返ってきています。先ほど作ったSelectのAPIを使ってID106を指定して検索してみると、登録されていることがわかります（**コマンド5.5.11**）。

コマンド5.5.11

```
$ curl http://localhost:8080/user/select/106
{"id":106,"name":"Nanako","age":7,"profile":"Good Night"}
```

これでInsertのAPIもできました。Spring Bootと併せての使用に関してはSelectとInsertだけの紹介にとどめますが、他のクエリも基本的に同じようにMapperオブジェクトをDIして使う形で実行できます。公開しているサンプルコードの中にはUpdate、DeleteのAPIを加えたコードが入っていますので、良ければそちらも参照してみてください。

次の章では、このSpring BootとMyBatisを使用して実践的なアプリケーションを作っていきます。

Spring BootとMyBatisで書籍管理システムのWebアプリケーションを開発する

第5章までで、サーバーサイドKotlinでの開発に必要な主要な技術要素の解説が終わりました。本章からは、ここまで解説してきた要素を使用して、実践的なアプリケーションを作成していきます。第6章でSpring BootとMyBatisを使用したWebアプリケーションを作成し、第7章で認証・認可、第8章で単体テストの実装をして、より実際のプロダクトのような形に近づけていきます。

そのベースとなる部分を作成するのが本章です。まずはここまでの章で得た知識を使って実践的なアーキテクチャのアプリケーションを作成し、さらに理解を深めていただければと思います。

1　書籍管理システムの仕様

本章では、サーバーサイドKotlinの実践的な実装方法を学ぶため、書籍管理システムを題材としたサンプルアプリケーションを作成します。これは組織で所有する書籍の情報や、貸出、返却の状態を管理するアプリケーションのイメージになります。

最初に、システムの機能、仕様を説明します。

実装する機能

機能として、以下のものを実装していきます。

- ログイン、セッション管理
- 権限管理
- 書籍の一覧取得
- 書籍の詳細取得
- 書籍情報の登録
- 書籍情報の更新
- 書籍情報の削除

- 貸出
- 返却

ログイン、セッション管理、権限管理

利用するユーザーのログイン、セッション管理と、権限管理の機能です。ID、パスワードを入力してのログインと、ログインしているユーザーの権限に応じての機能制限を実装します。

書籍の一覧取得、詳細取得

書籍の一覧、詳細情報を取得する機能です。一覧ですべての書籍のリストを表示し、書籍名を選択すると詳細表示の画面へ遷移します。こちらはすべてのユーザーが実行できる機能になります。

書籍情報の登録、更新、削除

書籍情報の登録、更新、削除をする機能です。こちらは管理者権限のユーザーのみが実行できる機能になります。

貸出、返却

書籍の貸出、返却をする機能です。書籍に紐(ひも)づく貸出情報の登録、削除を実行します。こちらはすべてのユーザーが実行できる機能になります。

2 アプリケーションの構成

次に、このアプリケーションで使用する技術スタック、アーキテクチャなどについて説明します。

使用している技術スタック

主な技術スタックとして、以下のものを採用しています。

- Kotlin
- Spring Boot
- MyBatis
- MySQL
- Redis
- Docker

ここまで紹介してきたKotlin、Spring Boot、MyBatisを中心とした実装です。データベースには、Dockerイメージから作成、起動したMySQLを使用します。また、第7章で作成する認証処理で使用するため、Redisも同じくDockerイメージを使用して作成、起動します。

オニオンアーキテクチャをベースにした設計

このアプリケーションは、オニオンアーキテクチャをベースとした設計になっています。

オニオンアーキテクチャはプロジェクトをいくつかの階層に分けて役割を定義し、各階層の依存関係を制御することでコード間の関係を疎結合にし、保守性を高めることのできるアーキテクチャです。特に大規模なシステムや、長期に渡って保守運用での改修などが求められるシステムで有効になります。階層間の関係性を**図6.1**のようにたまねぎのような層状の丸形で表現されることから、オニオンアーキテクチャと名付けられています。DDD（domain-driven design、ドメイン駆動設計）を実践する際のアーキテクチャの一つとしてもよく挙げられます。

図6.1（出典：Jeffrey Palermo『The Onion Architecture : part 1』July 29, 2008、https://jeffreypalermo.com/2008/07/the-onion-architecture-part-1/）

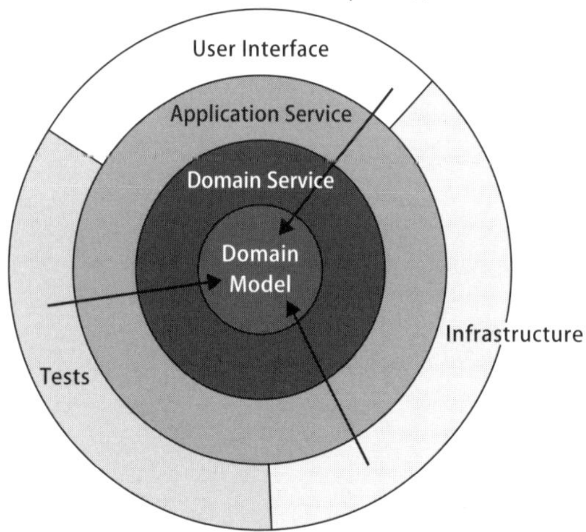

図6.1の矢印で示しているように、図の外側の階層から内側の階層へのみ依存する形になり、逆方向や横の階層（User InterfaceからInfrastructureなど）へのアクセスは禁止します。

［例］

- User Interface層のコードからApplication Service層のコードを呼び出し→○
- Domain Service層のコードからApplication Service層のコードを呼び出し→×
- User Interface層のコードからInfrastructure層のコードを呼び出し→×

各階層の概要は**表6.1**のようになります。

表6.1

階層	概要
User Interface	Presentation層とも言われる。UIに直結する処理の実装を担う
Infrastructure	I/Oに関する技術スタック（データベース等）に関する実装を担う
Application Service	各機能の仕様に応じた処理（ユースケース）を担う
Domain Service	ドメインに関するビジネスロジックの実装を担う
Domain Model	ドメインに関する状態と振る舞いの実装を担う
Tests	テストコードの実装を担う

詳しくはこのアーキテクチャを提唱したJeffrey Palermo氏のブログ[注1]などを参考にしてください。

この階層構造を参考に、本章のサンプルでは**表6.2**のような形で階層を定義しています。

表6.2

階層	パッケージ	主なコード
Presentation (UI)	com.book.manager.presentation	Controllerクラス、Formクラス
Infrastructure	com.book.manager.infrastructure	RepositoryImplクラス
Application Service	com.book.manager.application	Serviceクラス
Domain	com.book.manager.domain	Repositoryインターフェース、Modelクラス

パッケージを分ける形で各階層を表現しています。Domain Service層とDomain Model層は担う役割が近いことと、本サンプルの規模が小さいためDomain層という形でまとめています。UI層に関しては、サーバーサイドの開発ではPresentation層と言われることが多いため、そちらを名前にしています。パッケージは任意ですが、第7章で紹介するAOP（Aspect Oriented Programming、アスペクト指向プログラミング）でパッケージを指定した設定があるため、表と同じように分けておいたほうが作りやすくなります。

また、本来のDDDやオニオンアーキテクチャの仕組みからは省略している部分もあります。もともとDDDを使用している方には違和感のある部分もあるかもしれませんが、あくまでKotlinでの実践的な実装の参考例としてのアーキテクチャで、簡略化しているものと認識ください。

各階層の関係や、それぞれのクラスの役割などは実装の説明をしながら補足していきます。

フロントエンドの技術にVue.jsを採用

フロントエンドの技術にはVue.jsを使用し、SPA（Single Page Application）を実現しています。サーバーサイドKotlinの話からは逸れるため、後述する環境構築の部分以外は説明を省きます。本書で公開するサンプルプロジェクト上には一通りの実装が入っているので、画面とのつなぎ込みにはそちらを利用し

注1　https://jeffreypalermo.com/2008/07/the-onion-architecture-part-1/

てください。サンプルプロジェクトの起動方法は後述します。

Vue.jsではSPAをフロントエンドのサーバーとして起動し、各ページへのルーティングも定義することができます。フロントエンドとサーバーサイドの構成イメージは**図6.2**のようになります。

図6.2

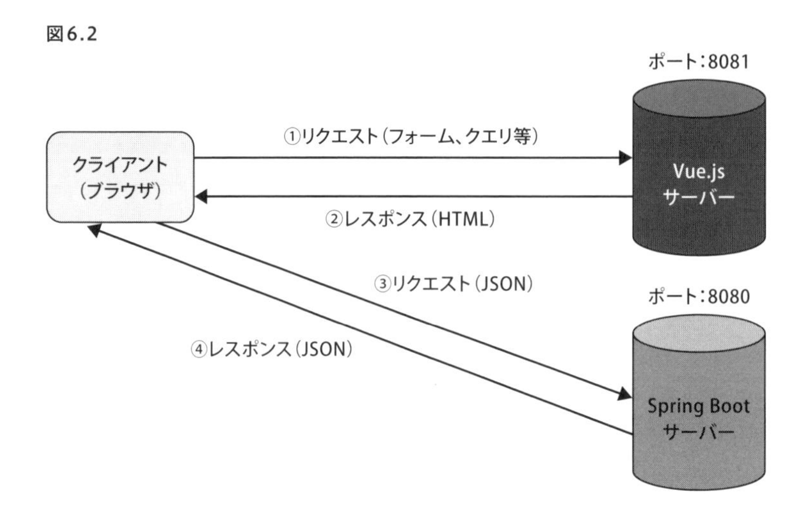

Vue.jsのサーバーは8081ポート、Spring Bootのサーバーは8080ポートで起動されます。

ブラウザからはまずVue.jsサーバーにアクセスし、該当するページのHTMLを取得します。そしてレンダリング時にHTMLに記述されているJavaScriptでSpring BootサーバーのAPIを実行し、取得したJSONの情報を使用してページを構築します。

後ほどフロントエンドのサンプルコードとして起動するのは、このVue.jsサーバーの部分になります。

3　プロジェクトの環境構築

アプリケーションのプロジェクトを作成していきます。この項ではSpring Bootアプリケーションの作成、依存関係の追加、各種コード生成などをやっていきます。

アプリケーションのプロジェクト作成

まずはSpring Bootアプリケーションのプロジェクトを作成します。ここまでで紹介してきたものと同様に、Spring Initializrを使用します（**図6.3**）。

図6.3

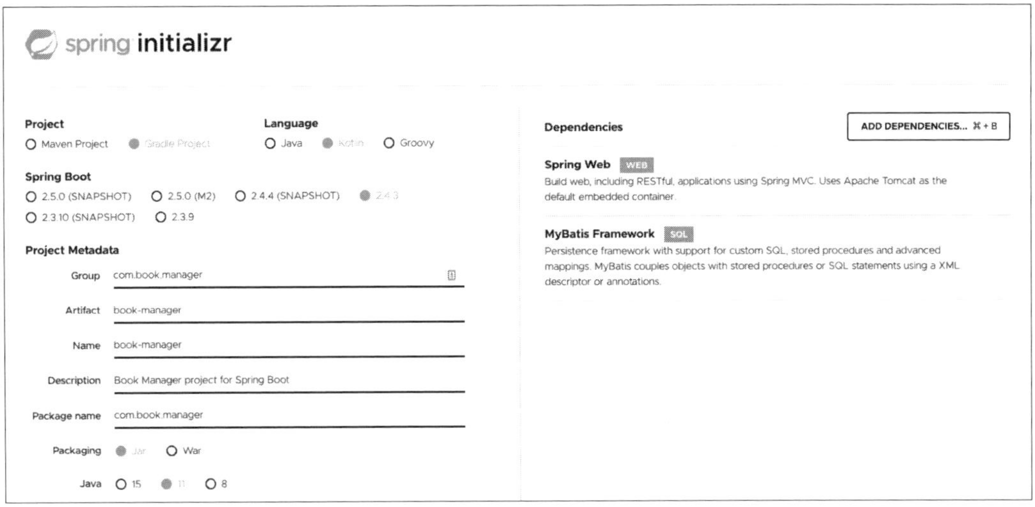

プロジェクトで設定している項目は以下になります。

- Project: Gradle
- Language: Kotlin
- Spring Boot: 2.4.3
- Project Metadata:
  - Group: com.book.manager
  - Artifact: book-manager
  - Name: book-manager
  - Description: Book Manager project for Spring Boot
  - Package name: com.book.manager
  - Packaging: Jar
  - Java: 11
- Dependencies: Spring Web、MyBatis Framework

第4章でSpring Initializrを使用した際はProject Metadataをすべてデフォルト値で作成していましたが、プロジェクトに関する名前の情報などを設定しています。

主なところで言うとPackage nameでプロジェクトのベースとなるパッケージ名を指定していて、`main`関数の入ったクラスファイル（○○Application.kt）もこのパッケージ配下に配置されます。また、Javaは使用するJDKのバージョンで、11（執筆時点での安定版）を指定しています。

build.gradle.ktsへの依存関係の追加

作成したプロジェクトをダウンロードして展開し、Gradleにいくつかの依存関係を追加します。追加したbuild.gradle.kts全体のコードは**リスト6.3.1**になります。

リスト6.3.1

```
import org.jetbrains.kotlin.gradle.tasks.KotlinCompile

plugins {
    id("org.springframework.boot") version "2.4.3"
    id("io.spring.dependency-management") version "1.0.11.RELEASE"
    id("com.arenagod.gradle.MybatisGenerator") version "1.4" // 追加
    kotlin("jvm") version "1.4.30"
    kotlin("plugin.spring") version "1.4.30"
}                                                                          ①

group = "com.book.manager"
version = "0.0.1-SNAPSHOT"
java.sourceCompatibility = JavaVersion.VERSION_11

repositories {
    mavenCentral()
}

dependencies {
    implementation("org.jetbrains.kotlin:kotlin-reflect")
    implementation("org.jetbrains.kotlin:kotlin-stdlib-jdk8")
    implementation("org.springframework.boot:spring-boot-starter-web")
    implementation("com.fasterxml.jackson.module:jackson-module-kotlin")   ②

    implementation("org.mybatis.spring.boot:mybatis-spring-boot-starter:2.1.4")
    implementation("org.mybatis.dynamic-sql:mybatis-dynamic-sql:1.2.1") // 追加
    implementation("mysql:mysql-connector-java:8.0.23") // 追加
    mybatisGenerator("org.mybatis.generator:mybatis-generator-core:1.4.0") // 追加   ③

    testImplementation("org.springframework.boot:spring-boot-starter-test")
}

tasks.withType<Test> {
    useJUnitPlatform()
}

tasks.withType<KotlinCompile> {
    kotlinOptions {
        freeCompilerArgs = listOf("-Xjsr305=strict")
        jvmTarget = "11"
    }
}
```

```
// 追加
mybatisGenerator {
    verbose = true
    configFile = "${projectDir}/src/main/resources/generatorConfig.xml"
}
```
④

基本的に第4章、第5章でも説明した内容ですが、主な内容を簡単に解説します。

plugins――Gradleタスクで使用するプラグイン

pluginsブロックで、必要なプラグインを追加します。

リスト6.3.2（リスト6.3.1の①を抜粋）

```
plugins {
    id("org.springframework.boot") version "2.4.3"
    id("io.spring.dependency-management") version "1.0.11.RELEASE"
    id("com.arenagod.gradle.MybatisGenerator") version "1.4" // 追加
    kotlin("jvm") version "1.4.30"
    kotlin("plugin.spring") version "1.4.30"
}
```

第4章で解説した、Spring Bootアプリケーションで必要な2つのプラグインと、Kotlin関連のプラグイン2つ、第5章で解説したMyBatisGeneratorのプラグインです。com.arenagod.gradle.MybatisGeneratorは、Spring Initializrで生成したプロジェクトのファイルに追加する必要があります。

dependencies――アプリケーションで使用する依存関係

dependenciesブロックの内容です。まず**リスト6.3.3**が第4章で解説したKotlin、Spring Bootに関連する依存関係です。

リスト6.3.3（リスト6.3.1の②を抜粋）

```
implementation("org.jetbrains.kotlin:kotlin-reflect")
implementation("org.jetbrains.kotlin:kotlin-stdlib-jdk8")
implementation("org.springframework.boot:spring-boot-starter-web")
implementation("com.fasterxml.jackson.module:jackson-module-kotlin")
```

これらはSpring Initializrで生成された内容に含まれています。

そして**リスト6.3.4**は第5章で解説したMyBatisに関連する依存関係です。

リスト6.3.4（リスト6.3.1の③を抜粋）

```
implementation("org.mybatis.spring.boot:mybatis-spring-boot-starter:2.1.4")
implementation("org.mybatis.dynamic-sql:mybatis-dynamic-sql:1.2.1") // 追加
implementation("mysql:mysql-connector-java:8.0.23") // 追加
mybatisGenerator("org.mybatis.generator:mybatis-generator-core:1.4.0") // 追加
```

mybatis-dynamic-sql、mysql-connector-java、mybatis-generator-coreを追加しています。それぞれMyBatis Dynamic SQLとMySQL Connector/J、MyBatis Generatorを使用するために必要になります。

mybatisGenerator——MyBatis Generatorでコード生成するタスクの設定

最後にmybatisGeneratorブロックで、MyBatis Generatorでのコード生成タスクに関する設定をしています（**リスト6.3.5**）。

リスト6.3.5（リスト6.3.1の④を抜粋）

```
// 追加
mybatisGenerator {
    verbose = true
    configFile = "${projectDir}/src/main/resources/generatorConfig.xml"
}
```

第5章で解説したものと同様、generatorConfig.xmlという名前のファイルを設定ファイルとして指定しています。

MySQLの環境構築

次に、MySQLの環境構築をします。MySQLの起動、データベースの作成、テストデータの投入をして開発に必要なデータベース関連の準備をします。

Dockerで起動したMySQLの永続化

ここまでもDockerイメージを使用して立ち上げたMySQLを使ってきましたが、Dockerのコンテナを再起動するとデータが消えてしまっていました。そこで、この章ではデータの永続化をしたコンテナを使用して開発していきます。

Docker Composeというツールを使用します。これは設定ファイルを記述し、複数のDockerコンテナを同時に立ち上げることのできるツールです。**リスト6.3.6**の内容でdocker-compose.ymlというファイルを作成してください。Spring Bootのアプリケーションとは直接関係のないものなので、ファイルを作成する場所はプロジェクト外の任意の場所でも問題ありません。サンプルのプロジェクトでは、プロジェクト直下のdockerディレクトリに配置しています。

リスト6.3.6

```
version: '3'
services:
  # MySQL
  db:
    image: mysql:8.0.23
    ports:
      - "3306:3306"
    container_name: mysql_host
    environment:
      MYSQL_ROOT_PASSWORD: mysql
    command: mysqld --character-set-server=utf8mb4 --collation-server=utf8mb4_unicode_ci
    volumes:
      - ./db/data:/var/lib/mysql
      - ./db/my.cnf:/etc/mysql/conf.d/my.cnf
      - ./db/sql:/docker-entrypoint-initdb.d
```

そして、ファイルを作成したディレクトリに移動し、**コマンド6.3.7**のコマンドを実行してください。

コマンド6.3.7

```
$ docker-compose up -d
```

これでMySQLのコンテナが起動します。このコンテナを削除、再起動してもデータを残すことができます。本書の本筋から外れるためファイルの細かい説明は省きますが、`volumes`で指定しているパスのディレクトリに、コンテナ上で作成したデータが保存されます。この例ではdocker-compose.ymlを配置したディレクトリ配下に、dbというディレクトリが作られ、データを保存するためのファイルが作成されます。

アプリケーションで使用するデータベースの作成

起動したMySQLに、アプリケーションで必要なデータベースとテストデータを作成していきます。

ターミナルから**コマンド6.3.8**のコマンドでMySQLにログインし、book_managerというデータベースを作成し選択します（**コマンド6.3.9**、**コマンド6.3.10**）。

コマンド6.3.8

```
$ mysql -h 127.0.0.1 --port 3306 -uroot -pmysql
```

コマンド6.3.9

```
mysql> create database book_manager;
```

コマンド6.3.10

```
mysql> use book_manager;
Database changed
```

次に**リスト6.3.11**のクエリでテーブルを作成します。

リスト6.3.11

```
CREATE TABLE user (
  id bigint NOT NULL,
  email varchar(256) UNIQUE NOT NULL,
  password varchar(128) NOT NULL,
  name varchar(32) NOT NULL,
  role_type enum('ADMIN', 'USER'),
  PRIMARY KEY (id)
) ENGINE=InnoDB DEFAULT CHARSET=utf8;

CREATE TABLE book (
  id bigint NOT NULL,
  title varchar(128) NOT NULL,
  author varchar(32) NOT NULL,
  release_date date NOT NULL,
  PRIMARY KEY (id)
) ENGINE=InnoDB DEFAULT CHARSET=utf8;

CREATE TABLE rental (
  book_id bigint NOT NULL,
  user_id bigint NOT NULL,
  rental_datetime datetime NOT NULL,
  return_deadline datetime NOT NULL,
  PRIMARY KEY (book_id)
) ENGINE=InnoDB DEFAULT CHARSET=utf8;
```

そして**リスト6.3.12**のクエリで各テーブルにテストデータを作成します。

リスト6.3.12

```
insert into book values(100, 'Kotlin入門', 'コトリン太郎', '1950-10-01'), (200, 'Java入門', 'ジャヴァ
太郎', '2005-08-29');

insert into user values(1, 'admin@test.com', '$2a$10$.kLvZAQfzNvFFlXzaQmwdeUoq2ypwaN.A/zbIQojZOY.7l8G
GNy32', '管理者', 'ADMIN'), (2, 'user@test.com', '$2a$10$dtB.bySf.ZcbOPOp3Q7ZgedqofClN56rQ6JboxBuiW02
twNMcAoZS', 'ユーザー', 'USER');
```

userテーブルでパスワードとして登録している値は、bcryptのアルゴリズムでハッシュ化されたものになっています。第7章のログイン機能の実装のところで説明しますが、セキュリティ上の観点からパスワー

ドはすべてハッシュ化した形で扱います。テストデータを追加する場合は同様に、ハッシュ化したパスワードを設定する必要があります。作成方法はサンプルプロジェクト[注2]のREADMEに記載してありますので、そちらを参照してください。

MyBatisのコード生成

作成したテーブルに対して、MyBatis Generatorでコード生成をします。前述のbuild.gradle.ktsで設定していたとおり、/src/main/resources配下にgeneratorConfig.xmlという名前で設定ファイルを作成します（**リスト6.3.13**）

リスト6.3.13

```
<?xml version="1.0" encoding="UTF-8" ?>
<!DOCTYPE generatorConfiguration PUBLIC "-//mybatis.org//DTD
    MyBatis Generator Configuration 1.0//EN"
        "http://mybatis.org/dtd/mybatis-generator-config_1_0.dtd" >
<generatorConfiguration>
    <!-- mysql-connector-javaのパスは各自の環境に合わせて変更 -->
    <classPathEntry
            location="/Users/takehata/.gradle/caches/modules-2/files-2.1/mysql/mysql-connector-java/
8.0.23/al9kfc516cabd18d61b59dc2234ac125bd1401f/mysql-connector-java-8.0.23.jar"/>
    <context id="MySQLTables" targetRuntime="MyBatis3Kotlin">
        <plugin type="org.mybatis.generator.plugins.MapperAnnotationPlugin"/>
        <commentGenerator>
            <property name="suppressDate" value="true"/>
        </commentGenerator>
        <jdbcConnection
                driverClass="com.mysql.jdbc.Driver"
                connectionURL="jdbc:mysql://127.0.0.1:3306/book_manager"
                userId="root"
                password="mysql">
            <property name="nullCatalogMeansCurrent" value="true"/>
        </jdbcConnection>
        <javaTypeResolver>
            <property name="useJSR310Types" value="true"/>
        </javaTypeResolver>
        <javaModelGenerator
                targetPackage="com.book.manager.infrastructure.database.record"
                targetProject="src/main/kotlin">
        </javaModelGenerator>
        <javaClientGenerator
                targetPackage="com.book.manager.infrastructure.database.mapper"
                targetProject="src/main/kotlin">
        </javaClientGenerator>
        <table tableName="%">
```

注2　https://github.com/n-takehata/kotlin-server-side-programming-practice

```
            <columnOverride column="role_type" typeHandler="org.apache.ibatis.type.EnumTypeHandler"
                            javaType="com.book.manager.domain.enum.RoleType"/>   ①
        </table>
    </context>
</generatorConfiguration>
```

第5章で紹介したものとほぼ同様ですが、参照するデータベース名や出力先のパッケージ名などをプロジェクトに合わせ変更しています。ここでもclassPathEntryで指定しているmysql-connector-javaのパスは、各自の環境に合わせて変更してください[注3]。

また、①のテーブルタグのところで、columnOverrideというタグを使用しています。これは特定のカラムを指定し、自動生成するコードを書き換えることができます。ここではtypeHandler属性にEnumTypeHandlerを指定することで、role_typeというカラムの値をEnumと紐付けられるようにしています。その紐付けるEnumとして、com.book.manager.domain配下にenumパッケージを作成し、その下に**リスト6.3.14**のEnumクラスRoleTypeを作成します。

リスト6.3.14

```
enum class RoleType { ADMIN, USER }
```

そしてファイルの出力先パッケージ（ここではcom.book.manager.infrastructure.database）を作成し、**コマンド6.3.15**のコマンドを実行、もしくはIntelliJ IDEAのGradleビューから［Tasks］→［other］→［mbGenerator］を実行して生成します。

コマンド6.3.15

```
$ ./gradlew mbGenerator
```

指定のパッケージ配下に生成されたUserRecordクラスを見ると、**リスト6.3.16**のようになっています。

リスト6.3.16

```
data class UserRecord(
    var id: Long? = null,
    var email: String? = null,
    var password: String? = null,
    var name: String? = null,
    var roleType: RoleType? = null
)
```

userテーブルのカラムrole_typeに紐付くプロパティroleTypeが、RoleType型として定義されていま

注3　第5章の「3.MyBatisの導入」を参照。

す（前述のcolumnOverrideの設定を入れなかった場合はString型になります）。これでデータベースからuserテーブルのデータを取得する際、role_typeの値は同様のEnumの値（ここではADMINかUSER）として受け取ることができます。

第5章では1つのテーブルのみしか使用しませんでしたが、本章では3つのテーブルを作成したため、以下のように各テーブルに対応したファイルが作成されます。

- com.book.manager.infrastructure.database.mapper配下
  - BookDynamicSqlSupport.kt
  - BookMapper.kt
  - BookMapperExtensions.kt
  - RentalDynamicSqlSupport.kt
  - RentalMapper.kt
  - RentalMapperExtensions.kt
  - UserDynamicSqlSupport.kt
  - UserMapper.kt
  - UserMapperExtensions.kt
- com.book.manager.infrastructure.database.record配下
  - BookRecord.kt
  - RentalRecord.kt
  - UserRecord.kt

テーブル名の付いたxxxxDynamicSqlSupport.kt、xxxxMapper.kt、xxxxMapperExtensions.kt、xxxxRecord.ktになります。それぞれの役割は第5章で解説したものと同様です。

application.ymlでデータベースとJacksonの設定

src/main/resources配下にもう一つ、こちらも第5章の「5. Spring BootからMyBatisを使用する」で解説した、application.ymlを作成してデータベースへの接続情報などを記述します（**リスト6.3.17**）。

リスト6.3.17

```
spring:
  datasource:
    url: jdbc:mysql://127.0.0.1:3306/book_manager?characterEncoding=utf8
    username: root
    password: mysql
    driverClassName: com.mysql.jdbc.Driver
  jackson:
    property-naming-strategy: SNAKE_CASE
```

datasourceでのデータベースの接続情報の設定に加え、jacksonでJacksonに関する設定を入れています。property-naming-strategyで変換元、変換先のJSONのプロパティの命名規則を指定しています。ここではSNAKE_CASEを指定しているため、リクエスト、レスポンスで扱うJSONのプロパティはスネークケースになります。例えば、Kotlinのコード側でbookIdという名前で定義していた場合は、JSONではbook_idと扱われます。また、ここでも第5章での解説と同様、application.propertiesが作成されている場合は削除してください。

フロントエンドの環境構築

フロントエンドのVue.jsの環境を構築します。まず、以下のリポジトリをCloneし、ターミナルでディレクトリ配下のpart2/front/book-managerへ移動してください（**コマンド6.3.18**）。

https://github.com/n-takehata/kotlin-server-side-programming-practice

コマンド6.3.18

```
$ git clone git@github.com:n-takehata/kotlin-server-side-programming-practice.git
// 出力は省略

$ cd kotlin-server-side-programming-practice/part6/front/book-manager
```

npm installというコマンドを実行します（**コマンド6.3.19**）。

コマンド6.3.19

```
$ npm install
```

npmはNode Package Managerのことで、ここではアプリケーションで使用しているNode.jsに関わる依存関係をインストールしています。

そして、**コマンド6.3.20**のコマンドでVue.jsのアプリケーションを起動します。

コマンド6.3.20

```
$ npm run dev
```

これでフロントエンドのVueアプリケーションが起動しました。起動時のログに出力されていますが、8081ポートを使用しています。http://localhost:8081にアクセスし、**図6.4**のような画面が表示されれば成功です。

図6.4

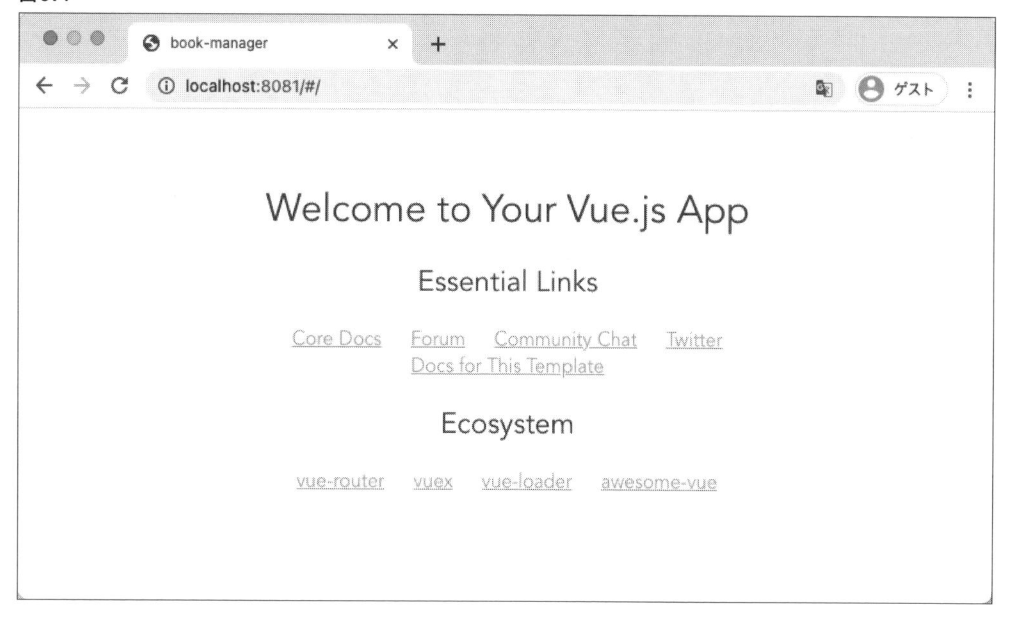

動作確認用のサンプルのため、レイアウトや画面遷移などはかなり簡略化しています。作成したAPIをフロントエンドから実行して、簡単に動かしてみたい方はご利用ください。後述する各機能の項目で疎通の手順も説明します。

それでは、以降で各APIの実装を紹介していきます。

4　検索系機能（一覧取得、詳細取得）のAPI実装

ここでは検索系機能のAPIを実装していきます。検索系機能は、どの権限のユーザーでも実行できるものになります。

一覧取得機能の実装

まずは一覧取得機能の実装です。機能の実装と併せて、このアプリケーションのアーキテクチャでの実装方法についても紹介していきます。

ここから実装していく各機能は、主に以下のクラスやインターフェースで構成されたものになります。

- Mapper（検索系機能のみ）
- Repositoryインターフェース、RepositoryImplクラス
- Serviceクラス

- Controllerクラス

Repositoryインターフェース、RepositoryImplクラスはデータベース関連の処理、Serviceクラスはビジネスロジック、Controllerクラスはルーティングやパラメータの受け渡しなどの役割を担います。それぞれの細かい役割や意味は後述の実装のところで解説します。

画面イメージ

一覧取得APIを使用する、画面のイメージは**図6.5**になります。

図6.5

この画面で、

- 書籍名（タイトル）
- 著者
- 貸出状況
- 更新、削除機能へのリンク

を表示しています。また、書籍名をクリックするとその書籍の詳細画面へ遷移するため、

- 書籍ID

も必要となります。

複数テーブルをJOINするMapperの作成

このAPIでは前述のとおり書籍の情報と併せて貸出状況を取得する必要があるため、書籍のマスタ情報であるbookテーブルと、貸出状況を管理しているrentalテーブルをJOINしてデータを取得するクエリが必要になります。ここまでクエリの実行はMyBatis Generatorで生成したMapperの関数を使ってきましたが、JOINなど、生成された関数では実現できないクエリを使用する場合、自前でカスタマイズしたMapperを作成する必要があります。

まず、**リスト6.4.1**のBookWithRentalRecordクラスを作成します。

リスト6.4.1

```
data class BookWithRentalRecord(
    var id: Long? = null,
    var title: String? = null,
    var author: String? = null,
    var releaseDate: LocalDate? = null,
    var userId: Long? = null,
    var rentalDatetime: LocalDateTime? = null,
    var returnDeadline: LocalDateTime? = null
)
```

これはbookテーブルとrentalテーブルをJOINした結果を格納するためのクラスです。BookRecordの情報に加え、rentalテーブルから取得する貸出中のユーザーID、貸出日時と返却予定日時を保持しています。

次に、**リスト6.4.2**のBookWithRentalMapperインターフェースを作成します。ここまでMyBatis Generatorで生成したものをそのまま使ってきたため説明を省いていましたが、Mapperの書き方についてもここで簡単に紹介します。なお、使用しているクラスや関数の中でIDEの補完ではうまくできないものがいくつかあるため、例外的にimport文も含めて記載しています。

リスト6.4.2

```
import com.book.manager.infrastructure.database.record.BookWithRentalRecord
import org.apache.ibatis.annotations.Mapper
import org.apache.ibatis.annotations.Result
import org.apache.ibatis.annotations.Results
import org.apache.ibatis.annotations.SelectProvider
import org.apache.ibatis.type.JdbcType
import org.mybatis.dynamic.sql.select.render.SelectStatementProvider
import org.mybatis.dynamic.sql.util.SqlProviderAdapter

@Mapper
interface BookWithRentalMapper {
    @SelectProvider(type = SqlProviderAdapter::class, method = "select")
```

```
    @Results(
        id = "BookWithRentalRecordResult", value = [
            Result(column = "id", property = "id", jdbcType = JdbcType.BIGINT, id = true),
            Result(column = "title", property = "title", jdbcType = JdbcType.VARCHAR),
            Result(column = "author", property = "author", jdbcType = JdbcType.VARCHAR),
            Result(column = "release_date", property = "releaseDate", jdbcType = JdbcType.DATE),
            Result(column = "user_id", property = "userId", jdbcType = JdbcType.BIGINT),
            Result(column = "rental_datetime", property = "rentalDatetime", jdbcType = JdbcType.
TIMESTAMP),
            Result(column = "return_deadline", property = "returnDeadline", jdbcType = JdbcType.
TIMESTAMP)
        ]
    )
    fun selectMany(selectStatement: SelectStatementProvider): List<BookWithRentalRecord>
}
```

ここではselectMany関数のみ定義しています。関数名は任意ですが、自動生成のMapperと併せてこの名前にしています。引数に渡しているSelectStatementProvider型の値は、MyBatis Dynamic SQLを使用して組み立てたクエリの情報を保持しているオブジェクトです。こちらは後述するselectMany関数の呼び出し処理のところで具体的な説明をします。複数レコードを取得するクエリを発行する処理になるため、戻り値はBookWithRentalRecordのListになります。

@SelectProviderアノテーションでは、引数で渡しているselectStatementから実行するクエリを生成するための設定をしています。type属性で指定しているSqlProviderAdapterクラスの、selectメソッド（method属性で指定している名前のメソッド）を使用してクエリを生成します。

そして@Resultsアノテーションでは、クエリの結果を受け取るオブジェクトとのマッピングをしています。id属性には任意の文字列を指定し、value属性ではResultアノテーションを使い以下の指定をしています。

- column……テーブルのカラム名
- property……戻り値のオブジェクト（ここではBookWithRentalRecord）のプロパティ名
- jdbcType……MyBatis上で扱う際のJDBCタイプ
- id……主キーの場合はtrue

これでクエリの結果から、columnで指定したカラムの値をpropertyで設定したプロパティに設定したオブジェクトを取得できるようになります。

そしてBookWithRentalMapperExtentions.ktという名前でファイルを作成し（ファイル名は任意）、**リスト6.4.3**の内容を記述します。こちらも**リスト6.4.2**と同様の理由で、import文も含めて記載しています。

リスト6.4.3

```
import com.book.manager.infrastructure.database.mapper.BookDynamicSqlSupport.Book
import com.book.manager.infrastructure.database.mapper.BookDynamicSqlSupport.Book.author
import com.book.manager.infrastructure.database.mapper.BookDynamicSqlSupport.Book.id
import com.book.manager.infrastructure.database.mapper.BookDynamicSqlSupport.Book.releaseDate
import com.book.manager.infrastructure.database.mapper.BookDynamicSqlSupport.Book.title
import com.book.manager.infrastructure.database.mapper.RentalDynamicSqlSupport.Rental
import com.book.manager.infrastructure.database.mapper.RentalDynamicSqlSupport.Rental.rentalDatetime
import com.book.manager.infrastructure.database.mapper.RentalDynamicSqlSupport.Rental.returnDeadline
import com.book.manager.infrastructure.database.mapper.RentalDynamicSqlSupport.Rental.userId
import com.book.manager.infrastructure.database.record.BookWithRentalRecord
import org.mybatis.dynamic.sql.SqlBuilder.equalTo
import org.mybatis.dynamic.sql.SqlBuilder.select
import org.mybatis.dynamic.sql.util.kotlin.mybatis3.from

private val columnList = listOf(
    id,
    title,
    author,
    releaseDate,
    userId,
    rentalDatetime,
    returnDeadline
)

fun BookWithRentalMapper.select(): List<BookWithRentalRecord> {
    val selectStatement = select(columnList).from(Book, "b") {
        leftJoin(Rental, "r") {
            on(Book.id, equalTo(Rental.bookId))
        }
    }
    return selectMany(selectStatement)
}
```

こちらはBookWithRentalMapperの関数を使用して、クエリを生成して実行する拡張関数を定義したファイルになります。ファイル名は任意ですが、こちらもMyBatis Generatorで生成される名前にあわせています。bookテーブルとrentalテーブルをJOINしてデータを取得するクエリを生成する処理を定義しています。この処理で実行されるクエリは**リスト6.4.4**と同等です。

リスト6.4.4

```
select b.id, b.title, b.author, b.release_date, r.user_id, r.rental_datetime, r.return_deadline from ↵
book b left join rental r on b.id = r.book_id
```

処理と併せて見ていくと、まず最初のselect(columnList)でSELECT句を指定しています。columnListはテーブルごとに生成されているカラム情報の定義で、BookDynamicSqlSupportとRentalDynamic

SqlSupportのobjectに定義されているフィールドを参照してListにしています。

from、leftJoinはそれぞれFROM句とJOIN句を指定しています。それぞれテーブルに該当するSqlTableのobjectと、エイリアスを指定しています。

そしてonでON句の条件を指定しています。第1引数で左辺のid（bookテーブル）、第2引数では等価の条件を表すequalTo関数を使用し、右辺のbook_id（rentalテーブル）を指定しています。

MyBatis Dynamic SQLを使うことで、このように関数をチェーン、ネストすることでJOINなど複雑なクエリも実行することができます。ここまではMyBatis Generatorで生成された関数でのクエリのみを使用してきましたが、自前でクエリを書く場合もとても直感的です。

Repositoryの実装

最初にRepositoryの実装です。Repositoryはデザインパターンの一種で、データベース操作のロジックを抽象化する役割を担います。まず**リスト6.4.5**、**リスト6.4.6**のBookクラス、Rentalクラスと、その2つのデータクラスをプロパティとして持った**リスト6.4.7**のBookWithRentalクラスを作成してください。

リスト6.4.5

```
data class Book(
    val id: Long,
    val title: String,
    val author: String,
    val releaseDate: LocalDate
)
```

リスト6.4.6

```
data class Rental(
    val bookId: Long,
    val userId: Long,
    val rentalDatetime: LocalDateTime,
    val returnDeadline: LocalDateTime
)
```

リスト6.4.7

```
data class BookWithRental(
    val book: Book,
    val rental: Rental?
) {
    val isRental: Boolean
        get() = rental != null
}
```

Bookは書籍を表すドメインオブジェクトで、書籍情報を扱う処理の中で使用していきます。Rentalクラスは貸出情報を扱うドメインオブジェクトです。その2つのクラスをプロパティとして持ったBookWithRentalクラスを、一覧機能で必要な書籍と貸出の情報を紐付けたデータを取得するのに使用します。rentalプロパティはNull許容となっており、データがない場合（貸し出されてない場合）はnullが入る想定です。また、isRentalという拡張プロパティを定義しています。これはrentalの値をチェックし、貸出中かどうかをBoolean型の値で返却します。

次に、**リスト6.4.8**のRepositoryのインターフェースを作成します。BookWithRentalクラスのListを戻り値として返すfindAllWithRental関数を定義しています。

リスト6.4.8

```
interface BookRepository {
    fun findAllWithRental(): List<BookWithRental>
}
```

そして**リスト6.4.9**のRepositoryの実装クラスを作成します。

リスト6.4.9

```
@Suppress("SpringJavaInjectionPointsAutowiringInspection")
@Repository
class BookRepositoryImpl(
    private val bookWithRentalMapper: BookWithRentalMapper
) : BookRepository {
    override fun findAllWithRental(): List<BookWithRental> {
        return bookWithRentalMapper.select().map { toModel(it) }
    }

    private fun toModel(record: BookWithRentalRecord): BookWithRental {
        val book = Book(
            record.id!!,
            record.title!!,
            record.author!!,
            record.releaseDate!!
        )
        val rental = record.userId?.let {
            Rental(
                record.id!!,
                record.userId!!,
                record.rentalDatetime!!,
                record.returnDeadline!!
            )
        }
        return BookWithRental(book, rental)
    }
}
```

先ほど作成したBookWithRentalMapperでデータを取得し、Recordクラスをmapで BookWithRentalクラスへ変換した値を返却しています。

Interfaceを使用して実装することで、データベース関連の実装をBookRepositoryImplの中に閉じ込め、呼び出し側の層から意識する必要がなくなります。例えばRDBやO/Rマッパーで仕様変更があったときや、別のミドルウェアやフレームワークに差し替えたいと思ったときの影響範囲をBookRepositoryImplのみにとどめることができます。

戻り値をBookWithRentalクラスに変換して返しているのも、Recordクラスがフレームワーク（MyBatis）側の仕様に依存するものなので、Mapperでのパラメータのやり取りでのみ使われる役割にとどめ、呼び出し側の層で扱わないようにするためです。

また、@Repositoryというアノテーションを付与していますが、こちらは第4章で解説した@Componentと同様DIの対象であることを示すアノテーションです。BookRepositoryImplクラスのようにデータベースアクセスの処理を担うクラスに使用します。本書での使い方では@Componentを使った場合と挙動は変わりませんが、後述する@Serviceも含めクラスの役割ごとにアノテーションを分けておくことで、第7章で紹介するAOPを使用するときなどに対象クラスの分類をしやすくなり、柔軟性が高まります。

Serviceの実装

次にServiceクラスの実装です。**リスト6.4.10**のクラスを作成します。

リスト6.4.10

```
@Service
class BookService(
    private val bookRepository: BookRepository
) {
    fun getList(): List<BookWithRental> {
        return bookRepository.findAllWithRental()
    }
}
```

ServiceはRepositoryでのデータ操作の処理などを使い、ビジネスロジックを実装する層になります。ここではBookRepositoryの検索処理を呼び出し、返却するだけの処理になっています。

@Serviceアノテーションは、@Repositoryと同様にDI対象とするためのもので、BookServiceクラスのようにビジネスロジックの処理を担うクラスに使用します。

Controllerの実装

最後にControllerの実装です。ここはAPIのルーティングや、クライアントからのパラメータを受け取ってServiceのロジックを実行する層になります。

まず、BookForm.kt（名前は任意）というファイルを作成し、**リスト6.4.11**のデータクラスを作成します。

リスト6.4.11

```
data class GetBookListResponse(val bookList: List<BookInfo>)

data class BookInfo(
    val id: Long,
    val title: String,
    val author: String,
    val isRental: Boolean
) {
    constructor(model: BookWithRental) : this(model.book.id, model.book.title, model.book.author, ↵
model.isRental)
}
```

ここには各APIのリクエスト、レスポンスのパラメータとなるオブジェクトをデータクラスで定義します。一覧取得の処理に関してはリクエストパラメータがないため、レスポンスのGetBookListResponseクラスのみ作っています。

BookInfoはドメインオブジェクトのBookクラスと似ていますが画面表示に必要なisRentalの真偽値を持っています。

ドメインオブジェクトはそのドメイン（Bookの場合は書籍）の振る舞いを表す処理が入りますが、リクエスト、レスポンスのオブジェクトはあくまでパラメータとして扱うだけのものです。そのため機能によってはほぼ同様の実装になる場合もありますが、必ずドメインオブジェクトとは別のクラスとして定義するようにしています。

そして**リスト6.4.12**のControllerクラスを作成します。

リスト6.4.12

```
@RestController
@RequestMapping("book")
@CrossOrigin
class BookController(
    private val bookService: BookService
) {
    @GetMapping("/list")
    fun getList(): GetBookListResponse {
        val bookList = bookService.getList().map {
            BookInfo(it)
        }
        return GetBookListResponse(bookList)
    }
}
```

Controllerのルートのパスとしてbookを定義しています。このクラス内でルーティングされるパスには、必ずbookが付く形になります。そして/listというパスのGETメソッドでリクエストを受け付け、BookServiceの処理を実行し、結果をmapでGetBookListResponseに変換して返却しています。

これで一覧取得機能のAPIが完成しました。

動作確認

アプリケーションの起動は、bootRunタスクを実行します。ターミナルから**コマンド6.4.13**のコマンドを実行するか、IntelliJ IDEAのGradleビューから［Tasks］→［application］→［bootRun］を選択して実行してください。

コマンド6.4.13

```
$ ./gradlew bootRun
```

そして、**コマンド6.4.14**のcurlコマンドを実行します。

コマンド6.4.14

```
$ curl http://localhost:8080/book/list
```

リスト6.4.15のように、書籍情報の配列を持ったJSONが返却されれば成功です。

リスト6.4.15

```
{"book_list":[{"id":100,"title":"Kotlin入門","author":"コトリン太郎","is_rental":false},{"id":200,
"title":"Java入門","author":"ジャヴァ太郎","is_rental":false}]}
```

まだ貸出中の情報がないため、is_rentalにはfalseが入っています。

フロントエンドとの疎通

完成したAPIをフロントエンドと疎通します。サーバー、フロントエンド両方のアプリケーションが起動した状態で、ブラウザでhttp://localhost:8081/book/listへアクセスしてください。書籍一覧のページへアクセスし、その中でAjaxで先ほど作成した一覧取得APIが呼び出されます。

図6.6のような画面が表示されれば成功です。

図6.6

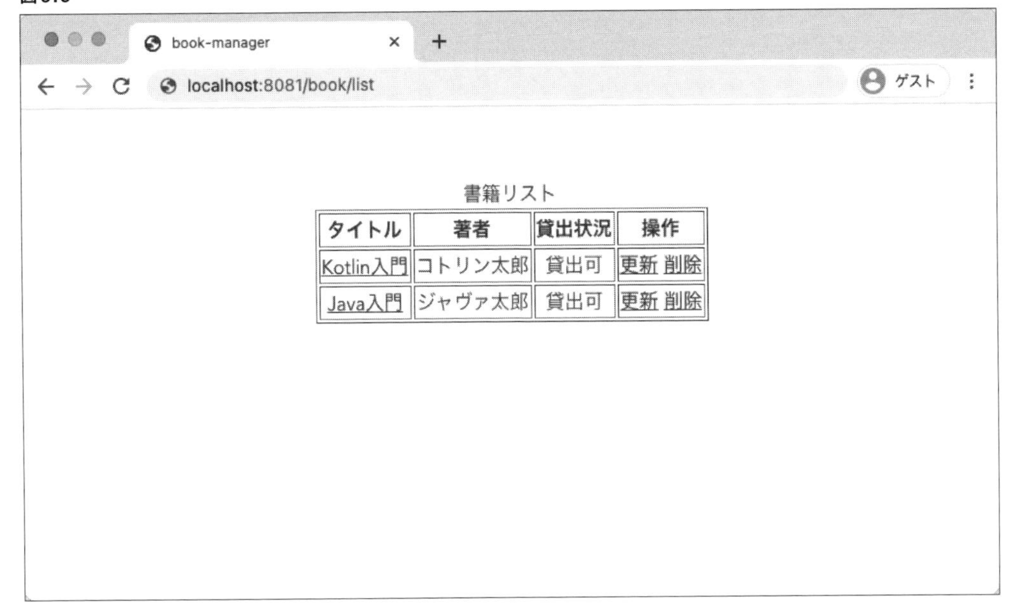

詳細取得機能の実装

続いて詳細取得機能の実装です。こちらは書籍のIDをリクエストパラメータとして受け取り、書籍の詳細情報を返却します。

画面イメージ

詳細取得APIを使用する、画面のイメージは**図6.7**になります。

図6.7

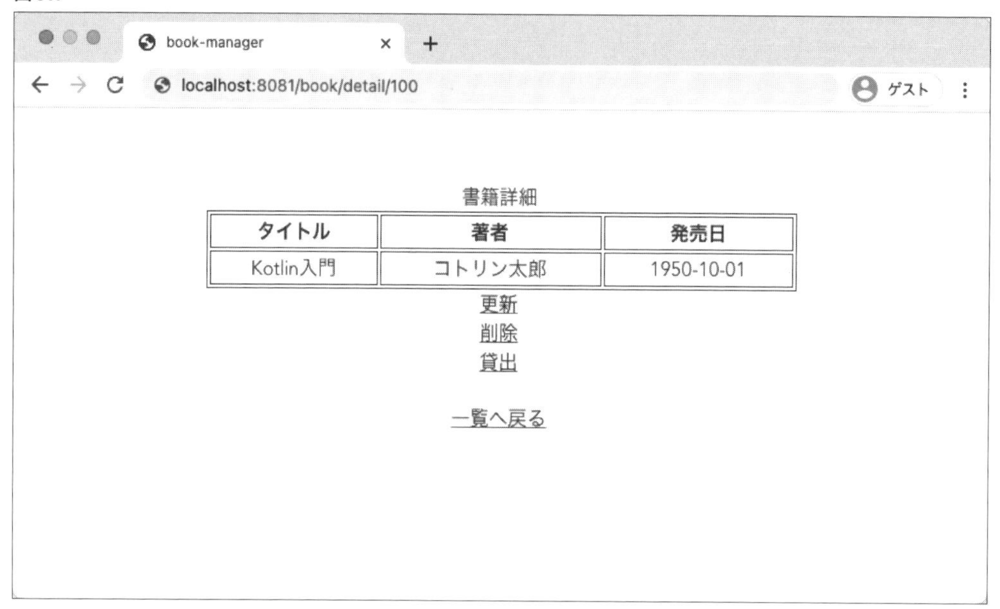

書籍の情報として、

- 書籍名
- 著者
- 発売日

を表示しています。また、一覧画面と同様の更新、削除のリンクに加え、貸出のリンク（貸出可の場合のみ表示）も配置されています。

Mapperの実装

まず、BookWithRentalMapperインターフェースに**リスト6.4.16**のselectOne関数を追加します。

リスト6.4.16

```
@SelectProvider(type = SqlProviderAdapter::class, method = "select")
@ResultMap("BookWithRentalRecordResult")
fun selectOne(selectStatement: SelectStatementProvider): BookWithRentalRecord?
```

リスト6.4.2のselectManyは複数のレコードを取得するSelectを定義するための関数でしたが、こちらは単一のレコードを取得するための関数になります。そのため戻り値も単一のBookWithRentalRecordになっています。

そして、BookWithRentalMapperExtentions.ktに**リスト6.4.17**の関数を追加します。

リスト6.4.17

```
fun BookWithRentalMapper.selectByPrimaryKey(id_: Long): BookWithRentalRecord? {
    val selectStatement = select(columnList).from(Book, "b") {
        leftJoin(Rental, "r") {
            on(Book.id, equalTo(Rental.bookId))
        }
        where(id, isEqualTo(id_))
    }
    return selectOne(selectStatement)
}
```

select関数と同様にbookテーブルとrentalテーブルをJOINしたクエリを発行していますが、さらにwhereでidの指定をしています。そして先ほど追加したselectOne関数を呼び出し、単一レコードの結果を返却します。

Repositoryの実装

次にRepositoryの実装です。BookRepositoryインターフェースに**リスト6.4.18**、BookRepositoryImplクラスに**リスト6.4.19**の関数を追加します。

リスト6.4.18

```
fun findWithRental(id: Long): BookWithRental?
```

リスト6.4.19

```
override fun findWithRental(id: Long): BookWithRental? {
    return bookWithRentalMapper.selectByPrimaryKey(id)?.let { toModel(it) }
}
```

Mapperに追加したselectByPrimaryKey関数を呼び出し、データを取得できた場合はBookに変換して返却しています。

安全呼び出しとletを組み合わせることで、データを取得できなかった場合はnullを返却しています。このデータ取得の可否（nullか否か）によって返却する値を変えるのは、letのよくある使い方の一つです。

Serviceの実装

BookServiceクラスに**リスト6.4.20**の関数を追加します。

リスト6.4.20

```
fun getDetail(bookId: Long): BookWithRental {
    return bookRepository.findWithRental(bookId) ?: throw IllegalArgumentException("存在しない書籍ID
: $bookId")
}
```

BookRepositoryのfindWithRental関数を呼び出して書籍の情報を取得し、存在しない場合は例外を投げています。ここでエルビス演算子を使っていますが、こういった「結果がnullだった場合に例外を投げる」という処理は使いどころの一つです。

Kotlinでは、`if (hoge != null) ……`で記述する処理は前述の安全呼び出しとletの組み合わせ、`if (hoge == null) ……`で記述する処理はこのエルビス演算子でシンプルに記述できます。

Controllerの実装

レスポンスパラメータの型として、BookForm.ktに**リスト6.4.21**のデータクラスを追加します。書籍の情報に加え、レンタル中のユーザーID、貸出日時、返却予定日時の情報を保持しています。

リスト6.4.21

```
data class GetBookDetailResponse(
    val id: Long,
    val title: String,
    val author: String,
    val releaseDate: LocalDate,
    val rentalInfo: RentalInfo?
) {
    constructor(model: BookWithRental) : this(
        model.book.id,
        model.book.title,
        model.book.author,
        model.book.releaseDate,
        model.rental?.let { RentalInfo(model.rental) })
}

data class RentalInfo(
    val userId: Long,
    val rentalDatetime: LocalDateTime,
    val returnDeadline: LocalDateTime,
) {
    constructor(rental: Rental) : this(rental.userId, rental.rentalDatetime, rental.returnDeadline)
}
```

そしてBookControllerクラスに**リスト6.4.22**の関数を追加します。

リスト6.4.22

```
@GetMapping("/detail/{book_id}")
fun getDetail(@PathVariable("book_id") bookId: Long): GetBookDetailResponse {
    val book = bookService.getDetail(bookId)
    return GetBookDetailResponse(book)
}
```

/detailというパスでbook_idをパスパラメータとして受け取り、Serviceの処理を呼び出し、結果をGetBookDetailResponseに変換して返却します。

動作確認

ターミナルから**コマンド6.4.23**のcurlコマンドを実行します。

コマンド6.4.23

```
$ curl http://localhost:8080/book/detail/200
{"id":200,"title":"Java入門","author":"ジャヴァ太郎","release_date":"2005-08-29","rental_info":null}
```

書籍詳細の情報を持ったJSONが返却されれば成功です。貸し出されていない書籍のため、rental_infoはnullになります。

フロントエンドとの疎通

完成したAPIをフロントエンドと疎通します。サーバー、フロントエンド両方のアプリケーションが起動した状態で、ブラウザでhttp://localhost:8081/book/detail/200へアクセスしてください。書籍一覧のページへアクセスし、詳細取得APIが呼び出されます。

図6.8のような画面が表示されれば成功です。

図6.8

5 更新系機能（登録、更新、削除）のAPI実装

ここからは更新系機能のAPIを実装していきます。更新系機能は、管理者権限のみ実行できるものになります。そのため、同じ書籍データに対する操作ですが、検索系機能とはControllerやServiceのクラスを分けて実装します。

なお、権限によるアクセスの制限については第7章で実装するため、本章の時点ではすべてのユーザーが実行できるものになります。

登録機能の実装

まずは登録機能の実装です。

画面イメージ

登録APIを使用する、画面のイメージは**図6.9**になります。

図6.9

書籍のマスタ情報である、

- 書籍ID（ID）
- 書籍名（タイトル）

- 著者
- 発売日

を入力し、［登録］ボタンを押すと実行されます。

Repositoryの実装

BookRepositoryインターフェースに**リスト6.5.1**の関数を追加します。

リスト6.5.1

```
fun register(book: Book)
```

BookRepositoryImplクラスへ**リスト6.5.2**のimport文、**リスト6.5.3**のコンストラクタでのBookMapperのDI、**リスト6.5.4**の関数を追加します。

リスト6.5.2

```
import com.book.manager.infrastructure.database.mapper.insert
```

リスト6.5.3

```
class BookRepositoryImpl(
    private val bookWithRentalMapper: BookWithRentalMapper,
    private val bookMapper: BookMapper // 追加
) : BookRepository {
    // 省略
```

リスト6.5.4

```
override fun register(book: Book) {
    bookMapper.insert(toRecord(book))
}

private fun toRecord(model: Book): BookRecord {
    return BookRecord(model.id, model.title, model.author, model.releaseDate)
}
```

Bookクラスを引数として受け取り、MyBatisのRecordクラスへ変換したオブジェクトを、BookWithRentalMapperExtentions.ktに定義されているMapperの拡張関数であるinsert関数に渡して実行しています。一覧、詳細の取得処理ではBookRecordクラスの値をBookクラスに変換するtoModel関数を使用していましたが、ここでは逆にBookクラスからBookRecordクラスへ変換するtoRecord関数を定義しています。

import文を追加しているのは、insert関数がBookMapperクラスとBookWithRentalMapperExtentions.ktの両方に存在し、import文を書かないとBookMapperクラスのほうの関数が呼ばれ、コンパイルエラーになってしまうためです。

Serviceの実装

前述のとおり、検索系機能とは別のServiceクラスで実装していきます。**リスト6.5.5**のようにAdminBookServiceというクラスを作成し、register関数を追加します。

リスト6.5.5

```
@Service
class AdminBookService(
    private val bookRepository: BookRepository
) {
    @Transactional
    fun register(book: Book) {
        bookRepository.findWithRental(book.id)?.let { throw IllegalArgumentException("既に存在する
書籍ID: ${book.id}") }
        bookRepository.register(book)
    }
}
```

登録対象のデータが設定されたBookクラスのオブジェクトを引数として受け取り、BookRepositoryの関数を呼び出し登録処理を行います。登録の前にfindWithRental関数を呼び出し、登録しようとしているIDのデータがすでに存在していた場合は例外を投げています。データが存在しなかった場合は、register関数にbookをそのまま渡し実行します。

@Transactionalアノテーションは、Spring Frameworkが提供しているトランザクション管理の機能を有効にします。付与した関数内の処理に対しトランザクションを貼り、処理が正常に終わればコミット、例外が発生した場合はロールバックします。

Controllerの実装

Controllerの実装です。リクエストパラメータの型として、BookForm.ktに**リスト6.5.6**のデータクラスを追加します。

リスト6.5.6

```
data class RegisterBookRequest(
    val id: Long,
    val title: String,
    val author: String,
    val releaseDate: LocalDate
)
```

そしてこちらもAdminBookControllerという新たなクラスを作成します（**リスト6.5.7**）。クラスに対する@RequestMappingアノテーションで、パスのルートとしてadmin/bookを指定しています。

リスト6.5.7

```
@RestController
@RequestMapping("admin/book")
@CrossOrigin
class AdminBookController(
    private val adminBookService: AdminBookService
) {
    @PostMapping("/register")
    fun register(@RequestBody request: RegisterBookRequest) {
        adminBookService.register(
            Book(
                request.id,
                request.title,
                request.author,
                request.releaseDate
            )
        )
    }
}
```

register関数では、/registerというパスでRegisterBookRequest型に対応するJSONをパラメータとして受け取り、Bookクラスのインスタンスを生成してServiceの処理を呼び出します。

動作確認

ターミナルから**コマンド6.5.8**のcurlコマンドを実行します。

コマンド6.5.8

```
$ curl -H 'Content-Type:application/json' -X POST -d '{"id":300,"title":"Spring入門","author":"スプリ ↗
ング太郎","release_date":"2001-03-21"}' http://localhost:8080/admin/book/register
```

そして**コマンド6.5.9**のように一覧取得のAPIを実行し、登録した内容の反映された結果が返ってくれば成功です。

コマンド6.5.9

```
$ curl http://localhost:8080/book/list
{"book_list":[{"id":100,"title":"Kotlin入門","author":"コトリン太郎","is_rental":false},{"id":200, ↗
"title":"Java入門","author":"ジャヴァ太郎","is_rental":false},{"id":300,"title":"Spring入門","author" ↗
:"スプリング太郎","is_rental":false}]}
```

フロントエンドとの疎通

完成したAPIをフロントエンドと疎通します。サーバー、フロントエンド両方のアプリケーションが起動した状態で、ブラウザでhttp://localhost:8081/admin/book/registerへアクセスしてください。**図6.10**のような登録ページが表示されます。

図6.10

そして内容を入力して［登録］ボタンを押し、**図6.11**のような画面が表示されれば成功です。

図6.11

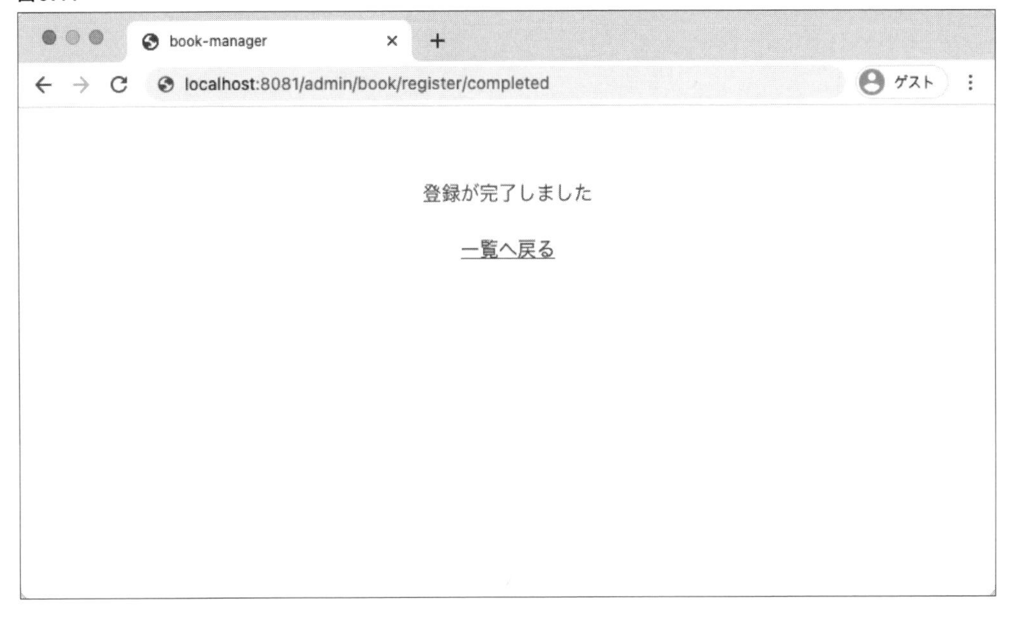

更新機能の実装

次は更新機能の実装です。こちらは登録処理とも似ていてシンプルなものになっています。

画面イメージ

更新APIを使用する、画面のイメージは**図6.12**になります。

図6.12

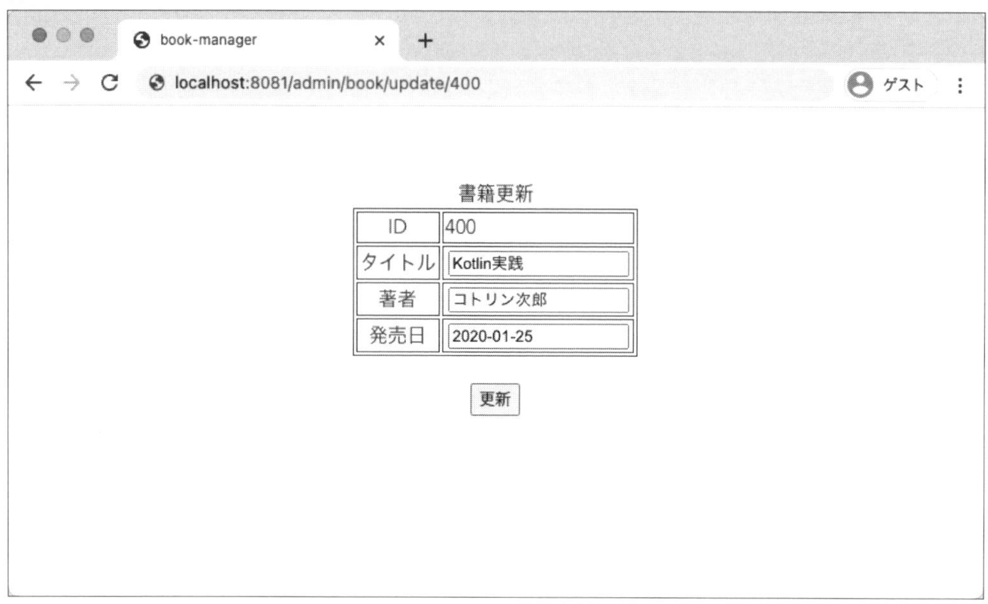

更新対象の書籍情報が表示されています。変更したい項目の値を修正して、[更新] ボタンを押すと実行されます。登録画面と似た形ですが、書籍IDは変更できないようになっています。

Repositoryの実装

BookRepositoryインターフェースに**リスト6.5.10**、BookRepositoryImplクラスに**リスト6.5.11**の関数を追加します。

リスト6.5.10

```
fun update(id: Long, title: String?, author: String?, releaseDate: LocalDate?)
```

リスト6.5.11

```
override fun update(id: Long, title: String?, author: String?, releaseDate: LocalDate?) {
    bookMapper.updateByPrimaryKeySelective(BookRecord(id, title, author, releaseDate))
}
```

bookテーブルの各カラムの更新後の値を引数で受け取り、主キーを使用して更新します。id以外の引数がNull許容となっているのは、更新が必要なカラムのみ値が設定されるためです。nullが入ってきたカラムは更新されません。

Serviceの実装

AdminBookServiceクラスに**リスト6.5.12**の関数を追加します。

リスト6.5.12

```
@Transactional
fun update(bookId: Long, title: String?, author: String?, releaseDate: LocalDate?) {
    bookRepository.findWithRental(bookId) ?: throw IllegalArgumentException("存在しない書籍ID: ↗
$bookId")
    bookRepository.update(bookId, title, author, releaseDate)
}
```

findWithRental関数で書籍情報を検索し、存在しなかった場合は例外を投げ、存在した場合はbookRepositoryのupdate関数を呼び出し更新します。

Controllerの実装

リクエストパラメータの型として、BookForm.ktに**リスト6.5.13**のデータクラスを追加します。

リスト6.5.13

```
data class UpdateBookRequest(
    val id: Long,
    val title: String?,
    val author: String?,
    val releaseDate: LocalDate?
)
```

こちらも更新したいカラムの値のみ受け取るため、主キーとなるID以外はNull許容となっています。
そしてAdminBookControllerクラスに**リスト6.5.14**の関数を追加します。

リスト6.5.14

```
@PutMapping("/update")
fun update(@RequestBody request: UpdateBookRequest) {
    adminBookService.update(request.id, request.title, request.author, request.releaseDate)
}
```

/updateというパスで、UpdateBookRequest型に対応するJSONをパラメータとして受け取り、Serviceの処理を呼び出します。

動作確認

ターミナルから**コマンド6.5.15**のcurlコマンドを実行します。ここでは先ほど登録したidが300の書籍のタイトルを変更しています。

コマンド6.5.15

```
$ curl -H 'Content-Type:application/json' -X PUT -d '{"id":300,"title":"Spring Boot入門"}' http://
localhost:8080/admin/book/update
```

そして詳細取得APIでidが300をパラメータにして実行し、**コマンド6.5.16**のように更新した内容の反映された結果が返ってくれば成功です。

コマンド6.5.16

```
$ curl http://localhost:8080/book/detail/300
{"id":300,"title":"Spring Boot入門","author":"スプリング太郎","release_date":"2001-03-21","rental_
info":null}
```

フロントエンドとの疎通

完成したAPIをフロントエンドと疎通します。サーバー、フロントエンド両方のアプリケーションが起動した状態で、ブラウザでhttp://localhost:8081/admin/book/update/400へアクセスしてください（400の部分は更新対象のレコードのIDなので、必要に応じて更新したい対象の値に変更してください）。**図6.13**のような書籍更新ページが表示されます。

図6.13

そして更新したい項目の内容を変更して［更新］ボタンを押し、**図6.14**のような画面が表示されれば成功です。

図6.14

削除機能の実装

次は削除機能です。これで書籍データに対する機能は最後になります。

画面イメージ

削除APIを使用する、画面のイメージは**図6.15**、**図6.16**になります。

図6.15

図6.16

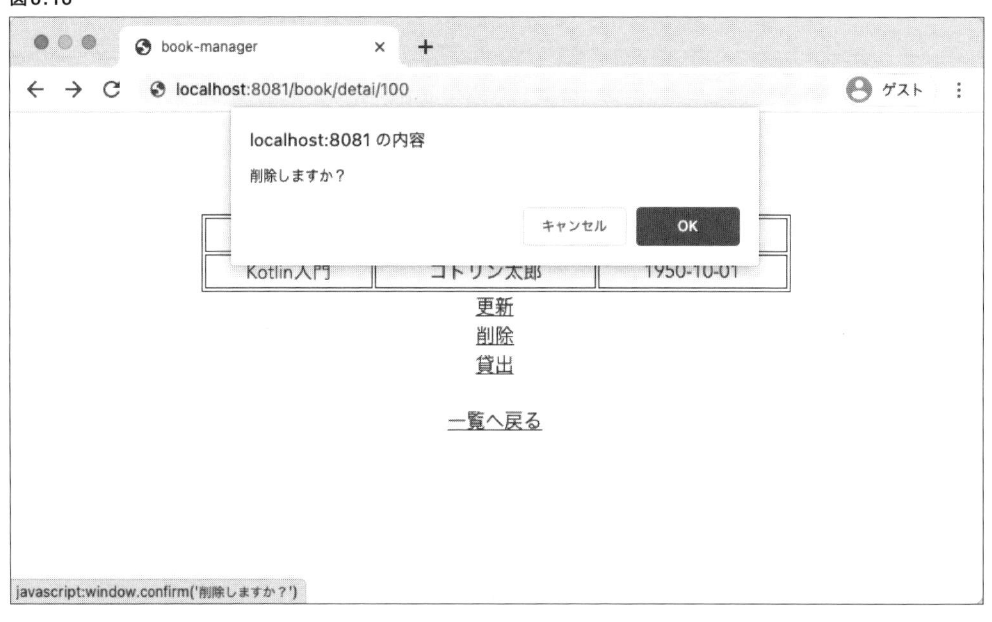

書籍一覧画面、書籍詳細画面から[削除]リンクを押すと確認ポップアップが表示され、[OK]ボタンを押すと実行されます。

Repositoryの実装

BookRepositoryインターフェースに**リスト6.5.17**、BookRepositoryImplクラスに**リスト6.5.18**の関数を追加します。

リスト6.5.17

```
fun delete(id: Long)
```

リスト6.5.18

```
override fun delete(id: Long) {
    bookMapper.deleteByPrimaryKey(id)
}
```

削除したいレコードのidを受け取り、主キーを使用して削除しています。削除にはMapperのdeleteByPrimaryKey関数を使用します。

Serviceの実装

AdminBookServiceクラスに**リスト6.5.19**の関数を追加します。

リスト6.5.19

```
@Transactional
fun delete(bookId: Long) {
    bookRepository.findWithRental(bookId) ?: throw IllegalArgumentException("存在しない書籍ID: ↵
$bookId")
    bookRepository.delete(bookId)
}
```

更新機能と同様、findWithRental関数で書籍情報を検索し、存在しなかった場合は例外を投げています。存在した場合はbookRepositoryのdelete関数を呼び出し削除します。

Controllerの実装

AdminBookControllerクラスに**リスト6.5.20**の関数を追加します。

リスト6.5.20

```
@DeleteMapping("/delete/{book_id}")
fun delete(@PathVariable("book_id") bookId: Long) {
    adminBookService.delete(bookId)
}
```

/deleteというパスで、削除対象のレコードのidをパスパラメータとして受け取り、Serviceの処理を呼び出します。idのみをリクエストパラメータで受け取り、レスポンスはないため、BookForm.ktへのクラス追加はありません。

動作確認

ターミナルから**コマンド6.5.21**のcurlコマンドを実行します。idが300の書籍のデータを削除しています。

コマンド6.5.21

```
$ curl -X DELETE http://localhost:8080/admin/book/delete/300
```

そして一覧取得のAPIを実行し、**コマンド6.5.22**のように対象のデータの削除が反映された結果が返ってくれば成功です。

コマンド6.5.22

```
$ curl http://localhost:8080/book/list
{"book_list":[{"id":100,"title":"Kotlin入門","author":"コトリン太郎","is_rental":false},{"id":200,
"title":"Java入門","author":"ジャヴァ太郎","is_rental":false}]}
```

これで書籍データに対する各種操作をするAPIが実装できました。

フロントエンドとの疎通

完成したAPIをフロントエンドと疎通します。サーバー、フロントエンド両方のアプリケーションが起動した状態で、ブラウザでhttp://localhost:8081/book/listへアクセスし、いずれかの書籍の［削除］リンクを押下してください。**図6.17**のような削除確認のポップアップが表示されます。

図6.17

［OK］を押して**図6.18**のような画面が表示されれば成功です。

図6.18

第7章 書籍管理システムの機能を拡充する

第7章では、第6章で作成したアプリケーションの残りの機能（貸出、返却）を主に実装していきます。それにあたりユーザー情報を扱うようにする必要があるため、Spring Securityを使用した認証、認可の機構の実装方法を解説します。また、追加の要素としてSpring AOPによるロギングの実装もしていきます。Spring Frameworkには様々なモジュールが用意されており、こういった多くのプロダクトにおいて共通で必要とされるような機能も比較的簡単に実装できます。本章ではこれらの機能を実装することで、より実践的なアプリケーションへと近づけていきます。

1　Spring Securityでユーザー認証、認可の機構を実装する

ここまで書籍に対する各種操作のAPIを実装してきましたが、次はユーザー認証、認可の機構を実装していきます。実装にはSpring Securityを使用します。Spring SecurityはSpringプロジェクトの一つで、Webアプリケーションで認証、認可などセキュリティ関連の機能を実現するためのフレームワークです。

第6章で作成したアプリケーションにログインの仕組みを実装し、前述のとおり検索系機能、更新系機能でアクセス権限を分けます。

build.gradle.ktsへの依存関係の追加

まず、Spring Securityを使うためにbuild.gradle.ktsへ依存関係を追加します。`dependencies`に**リスト7.1.1**を追加してください。

リスト7.1.1

```
implementation("org.springframework.boot:spring-boot-starter-security")
```

`spring-boot-starter-security`はSpring Securityを使うためのstarterです。MyBatisのstarterと同様、この記述でSpring Securityと併せて必要な依存関係をすべて追加してくれます。

Spring Securityの基本設定

SecurityConfig（名前は任意）というクラスを**リスト7.1.2**の内容で作成します。なお、この中で参照している以下のクラスは、後述する説明の中で作成していくため、このクラスだけを作成した時点では参照できずにコンパイルエラーになります。すべての必要なクラスを作成した後に動作確認となりますので、いったんエラーはそのままの状態で読み進めてください。

- AuthenticationService
- BookManagerUserDetailsService
- BookManagerAuthenticationSuccessHandler
- BookManagerAuthenticationFailureHandler
- BookManagerAuthenticationEntryPoint
- BookManagerAccessDeniedHandler

リスト7.1.2

```
@EnableWebSecurity
class SecurityConfig(private val authenticationService: AuthenticationService) : WebSecurityConfigurer
Adapter() {
    override fun configure(http: HttpSecurity) {
        http.authorizeRequests()
            .mvcMatchers("/login").permitAll()                                    ┐
            .mvcMatchers("/admin/**").hasAuthority(RoleType.ADMIN.toString())     │ ①
            .anyRequest().authenticated()                                         ┘
            .and()
            .csrf().disable()
            .formLogin()                                                          ┐
            .loginProcessingUrl("/login")                                         │ ②
            .usernameParameter("email")                                           │
            .passwordParameter("pass")                                            ┘
            .successHandler(BookManagerAuthenticationSuccessHandler())            ┐
            .failureHandler(BookManagerAuthenticationFailureHandler())            │
            .and()                                                                │ ③
            .exceptionHandling()                                                  │
            .authenticationEntryPoint(BookManagerAuthenticationEntryPoint())      │
            .accessDeniedHandler(BookManagerAccessDeniedHandler())                ┘
            .and()                                                                ┐
            .cors()                                                               │ ④
            .configurationSource(corsConfigurationSource())                       ┘
    }

    override fun configure(auth: AuthenticationManagerBuilder) {                  ┐
        auth.userDetailsService(BookManagerUserDetailsService(authenticationService)) │ ⑥
            .passwordEncoder(BCryptPasswordEncoder())                             │
    }                                                                             ┘
```

```
    private fun corsConfigurationSource(): CorsConfigurationSource {
        val corsConfiguration = CorsConfiguration()
        corsConfiguration.addAllowedMethod(CorsConfiguration.ALL)
        corsConfiguration.addAllowedHeader(CorsConfiguration.ALL)
        corsConfiguration.addAllowedOrigin("http://localhost:8081")
        corsConfiguration.allowCredentials = true
                                                                                    ⑤
        val corsConfigurationSource = UrlBasedCorsConfigurationSource()
        corsConfigurationSource.registerCorsConfiguration("/**", corsConfiguration)

        return corsConfigurationSource
    }
}
```

ここでSpring Securityで必要な様々な設定を記述します。WebSecurityConfigurerAdapterクラスを継承し、@EnableWebSecurityアノテーションを付与している必要があります。

認証、認可に関する設定

最初は一番上のHttpSecurityを引数に取るconfigure関数から説明します。ここでは主に認証、認可に関する設定をしています。

まず、**リスト7.1.3**の部分で認可の設定（アクセス権限の設定）をしています。

リスト7.1.3（リスト7.1.2の①を抜粋）

```
http.authorizeRequests()
    .mvcMatchers("/login").permitAll()
    .mvcMatchers("/admin/**").hasAuthority(RoleType.ADMIN.toString())
    .anyRequest().authenticated()
```

mvcMatchersで対象のAPIのパスを指定し、後ろにチェインしている関数で権限を設定しています。ここでは以下の設定をしています。

- /loginでログインAPI（後述）に対してpermitAllを指定し、未認証ユーザーを含むすべてのアクセスを許可
- /adminから始まるAPI（今回でいうと更新系のAPI）に対してhasAuthorityを使い管理者権限のユーザーのみアクセスを許可
- anyRequest().authenticated()で上記以外のAPIは認証済みユーザー（全権限）のみアクセスを許可

次に**リスト7.1.4**の部分で、認証の設定をしています。

リスト7.1.4 (リスト7.1.2の②を抜粋)

```
.formLogin()
.loginProcessingUrl("/login")
.usernameParameter("email")
.passwordParameter("pass")
```

ここでは以下の設定をしています。

- formLoginでフォームログイン (ユーザー名、パスワードでのログイン) を有効化
- loginProcessingUrlでログインAPIのパスを/loginに設定
- usernameParameterでログインAPIに渡すユーザー名のパラメータ名をemailに設定
- passwordParameterでログインAPIに渡すパスワードのパラメータ名をpassに設定

Spring Securityにはログイン処理を実行するAPIが用意されていて、そちらを使用することで認証の仕組みを実現できます。認証方式としてOAuth2やLDAPなどいくつか用意されていますが、本書ではシンプルなフォーム認証を設定しています。これによりフォーム認証でのログインAPIが使えるようになります。そしてログインAPIはユーザー名とパスワードをパラメータとして受け取るため、そのパラメータ名を任意に指定できます。

認証、認可時の各種ハンドラーの設定

認証、認可の下にあるのが**リスト7.1.5**の部分で、認証、認可時の各種ハンドラーを設定しています。

リスト7.1.5 (リスト7.1.2の③を抜粋)

```
.successHandler(BookManagerAuthenticationSuccessHandler())
.failureHandler(BookManagerAuthenticationFailureHandler())
.and()
.exceptionHandling()
.authenticationEntryPoint(BookManagerAuthenticationEntryPoint())
.accessDeniedHandler(BookManagerAccessDeniedHandler())
```

それぞれ以下の設定になります。

- successHandlerで認証成功時に実行するハンドラーを設定
- failureHandlerで認証失敗時に実行するハンドラーを設定
- authenticationEntryPointで未認証時のハンドラーを設定
- accessDeniedHandlerで認可失敗時のハンドラーを設定

これらで設定している各種ハンドラーは、Spring Securityのインターフェースを使用して自前で実装します。こちらについては後述します。

CORSに関する設定

最後に**リスト7.1.6**の部分でCORS（Cross-Origin Resource Sharing）の設定をしています。

リスト7.1.6（リスト7.1.2の④を抜粋）

```
.and()
.cors()
.configurationSource(corsConfigurationSource())
```

corsの関数にチェインしてconfigurationSourceを呼び出し設定します。設定する処理は**リスト7.1.7**のprivate関数に切り出しています。

リスト7.1.7（リスト7.1.2の⑤を抜粋）

```
private fun corsConfigurationSource(): CorsConfigurationSource {
    val corsConfiguration = CorsConfiguration()
    corsConfiguration.addAllowedMethod(CorsConfiguration.ALL)
    corsConfiguration.addAllowedHeader(CorsConfiguration.ALL)
    corsConfiguration.addAllowedOrigin("http://localhost:8081")
    corsConfiguration.allowCredentials = true

    val corsConfigurationSource = UrlBasedCorsConfigurationSource()
    corsConfigurationSource.registerCorsConfiguration("/**", corsConfiguration)

    return corsConfigurationSource
}
```

CorsConfigurationというクラスでCORSに関する各種の許可設定をします。ここではaddAllowedMethod、addAllowedHeaderでメソッドとヘッダをすべて許可、addAllowedOriginでアクセス元のドメインを許可しています。ここではフロントエンドのサンプルコードで使用しているlocalhost:8081を許可していますが、各自の環境に応じて変更が必要です。また、ここではサンプルのためコードに直接ドメインを記述していますが、実践で使う際には環境（本番環境、開発環境など）ごとの設定ファイルに切り出すなどしたほうが良いでしょう。

認証処理に関する設定

リスト7.1.8のAuthenticationManagerBuilderを引数に取るconfigure関数で設定で、認証処理に関する設定をしています。

リスト7.1.8(リスト7.1.2の⑥を抜粋)

```
override fun configure(auth: AuthenticationManagerBuilder) {
    auth.userDetailsService(BookManagerUserDetailsService(authenticationService))
        .passwordEncoder(BCryptPasswordEncoder())
}
```

- userDetailsServiceクラスで認証処理を実行するクラスの指定
- passwordEncoderでパスワードの暗号化アルゴリズムをBCryptに指定

userDetailsServiceクラスで指定しているのは、ログインAPIで呼び出される認証処理を実装したクラスです。ハンドラーと同様にSpring Securityのインターフェースを使用して自前で実装します。こちらについても本章で後述します。

また、passwordEncoderに使用したいアルゴリズムのエンコーダーのクラスを指定することで、パスワードを暗号化して扱えます。詳しくは認証処理の実装の項で説明します。

認証処理の実装

次に、認証処理を実装していきます。Spring Securityの機構を使用することで、最小限の実装で実現できます。

メールアドレスからユーザー情報を取得する処理の実装

認証処理で、パラメータで受け取ったユーザー名を使用してユーザー情報を取得する必要があります。このアプリケーションでは、メールアドレスをユーザー名として使用するため、メールアドレスからユーザー情報を取得する処理を用意します。

まず、ユーザーを表すドメインオブジェクトである**リスト7.1.9**のUserクラスを作成します。

リスト7.1.9

```
data class User(
    val id: Long,
    val email: String,
    val password: String,
    val name: String,
    val roleType: RoleType
)
```

次に、**リスト7.1.10**のUserRepositoryインターフェースを作成します。

リスト7.1.10

```
interface UserRepository {
    fun find(email: String): User?
}
```

実装クラスとして**リスト7.1.11**のUserRepositoryImplクラスを作成します。第6章の「4. 検索系機能（一覧取得、詳細取得）のAPI実装」でもいくつかありましたが、IDE上の補完でうまくできないものがあるため、ここでもimport文を含め記載しています。

リスト7.1.11

```
import com.book.manager.domain.model.User
import com.book.manager.domain.repository.UserRepository
import com.book.manager.infrastructure.database.mapper.UserDynamicSqlSupport
import com.book.manager.infrastructure.database.mapper.UserMapper
import com.book.manager.infrastructure.database.mapper.selectOne
import com.book.manager.infrastructure.database.record.UserRecord
import org.mybatis.dynamic.sql.SqlBuilder.isEqualTo
import org.springframework.stereotype.Repository

@Suppress("SpringJavaInjectionPointsAutowiringInspection")
@Repository
class UserRepositoryImpl(
    private val mapper: UserMapper
) : UserRepository {
    override fun find(email: String): User? {
        val record = mapper.selectOne {
            where(UserDynamicSqlSupport.User.email, isEqualTo(email))
        }
        return record?.let { toModel(it) }
    }

    private fun toModel(record: UserRecord): User {
        return User(
            record.id!!,
            record.email!!,
            record.password!!,
            record.name!!,
            record.roleType!!
        )
    }
}
```

メールアドレスを引数で受け取り、whereで指定して一致するデータを取得し、Userクラスに変換して返却しています。

そしてこのfind関数を呼び出すAuthenticationServiceクラスを作成します（**リスト7.1.12**）。

リスト7.1.12

```
@Service
class AuthenticationService(private val userRepository: UserRepository) {
    fun findUser(email: String): User? {
        return userRepository.find(email)
    }
}
```

こちらの関数を後述の認証処理で使用します。

Spring Securityの認証処理に関するインターフェースを実装

そして認証処理の実装です。**リスト7.1.13**のBookManagerUserDetailsServiceクラスを実装します。

リスト7.1.13

```
class BookManagerUserDetailsService(
    private val authenticationService: AuthenticationService
) : UserDetailsService {
    override fun loadUserByUsername(username: String): UserDetails? {
        val user = authenticationService.findUser(username)
        return user?.let { BookManagerUserDetails(user) }
    }
}

data class BookManagerUserDetails(val id: Long, val email: String, val pass: String, val roleType: ↵
RoleType) :
    UserDetails {

    constructor(user: User) : this(user.id, user.email, user.password, user.roleType)

    override fun getAuthorities(): MutableCollection<out GrantedAuthority> {
        return AuthorityUtils.createAuthorityList(this.roleType.toString())
    }

    override fun isEnabled(): Boolean {
        return true
    }

    override fun getUsername(): String {
        return this.email
    }

    override fun isCredentialsNonExpired(): Boolean {
        return true
    }

    override fun getPassword(): String {
        return this.pass
```

```
    }

    override fun isAccountNonExpired(): Boolean {
        return true
    }

    override fun isAccountNonLocked(): Boolean {
        return true
    }
}
```

同じファイル内に、UserDetailsインターフェースを実装した、BookManagerUserDetailsクラス（名前は任意）をデータクラスとして作成します。これはログイン時に入力した値から取得したユーザーデータを格納し、認証処理で使用されるものになります。また、認証後はログイン中のユーザー情報としてセッションに保持されるものになります。

いくつかの関数をオーバーライドしていますが、今回ポイントとなるものは以下になります。

- getPassword……パスワードの取得。ログイン時に入力したパスワードとの比較に使用される
- getAuthorities……権限の取得（複数の権限を保持することも可能）。認可が必要なパスの場合、この関数で取得した権限の情報でチェックされる

そしてこのUserDetails型のオブジェクトを取得する関数がloadUserByUsernameになります。UserDetailsServiceインターフェースを実装したクラスで、オーバーライドします。ユーザー名を引数で受け取り、先ほど作成したAuthenticationServiceクラスの処理を呼び出してユーザー情報を取得し、その結果を使用してBookManagerUserDetailsのオブジェクトを生成して返却しています。

このloadUserByUsernameで取得したUserDetails型のオブジェクトを使用して、パスワードの比較や認可処理をフレームワーク側で実現してくれます。そしてその際に前述のパスワードの暗号化処理も使用されます。

流れを簡単にまとめると以下のようになります（フレームワーク側で他にも処理をしていますが、主なポイントだけ絞ってまとめています）。

① 入力したユーザー名、パスワードをパラメータにログインAPIを実行

② loadUserByUsernameでユーザー名に該当するユーザー情報のUserDetails型のオブジェクトを取得

③ ②で取得したUserDetailsのgetPasswordで取得した値と、入力されたパスワードをBCryptでハッシュ化した値を比較

④ 認可が必要な場合、②で取得したUserDetailsのgetAuthoritiesで取得した権限のListに必要なものが含まれているか確認

このようにユーザー情報の取得処理などを定義しておけば、実際の認証を行う部分の処理はSpring Securityが実現してくれます。ここではシンプルにメールアドレスを使用してuserテーブルから情報を

取得する形で実装していますが、アプリケーションの設計に応じて任意の処理を書くことができます。

各種ハンドラーの実装

前述のSecurityConfigクラスで認証、認可時の各種ハンドラーの設定をしましたが、次はそのハンドラーの実装をしていきます。

ハンドラーは、設定していなかった場合もSpring Securityでデフォルトの処理が定義されています。例えば認証に失敗した場合はログインページのURLへリダイレクトされます。しかし、今回のアプリケーションのようにREST APIとして実装する場合、リダイレクトしてもAPIがたたかれるだけで画面を遷移することはできないため、このハンドリングはフロントエンドで行いたいです。

そのため各種ハンドラーを実装し、リダイレクトするのではなく、状況に応じたHTTPステータスをレスポンスとして返却するだけの処理に書き換えます。

認証成功時のハンドラー

まず、認証成功時のハンドラーです。ログインAPIで認証成功したときに実行される処理になります。**リスト7.1.14**のように、AuthenticationSuccessHandlerインターフェースを実装した任意の名前（ここではBookManagerAuthenticationSuccessHandler）のクラスを作成します。

リスト7.1.14

```
class BookManagerAuthenticationSuccessHandler : AuthenticationSuccessHandler {
    override fun onAuthenticationSuccess(
        request: HttpServletRequest,
        response: HttpServletResponse,
        authentication: Authentication
    ) {
        response.status = HttpServletResponse.SC_OK
    }
}
```

オーバーライドしたonAuthenticationSuccess関数にログインAPIで認証成功した場合の処理を記述します。HttpServletResponse型の引数のstatusプロパティで、返却時のHTTPステータスが設定できます。これで成功のHTTPステータス（200）がヘッダに設定されたレスポンスが返却されます。Kotlinから呼び出しているためプロパティに設定しているように書いていますが、HttpServletResponseはJavaのクラスで、実際にはsetStatusというメソッドを呼んでいるのと同等になります。

ここではHTTPステータスの設定だけしかしていませんが、他にも引数で受け取っている情報を使用して認証成功時に必要な処理を記述することができます。

Spring Securityのハンドラーは、このようにフレームワーク側で用意されたインターフェースを実装し、関数をオーバーライドすることで処理を定義するのが基本になります。後述するハンドラーも同じような形で実装していきます。

認証失敗時のハンドラー

次は認証失敗時のハンドラーです。ログインAPIで認証失敗したときに実行される処理になります。**リスト7.1.15**のようにAuthenticationFailureHandlerインターフェースを実装したクラスを作成します。

リスト7.1.15

```
class BookManagerAuthenticationFailureHandler : AuthenticationFailureHandler {
    override fun onAuthenticationFailure(
        request: HttpServletRequest,
        response: HttpServletResponse,
        exception: AuthenticationException
    ) {
        response.status = HttpServletResponse.SC_UNAUTHORIZED
    }
}
```

onAuthenticationFailure関数をオーバーライドして認証失敗した場合の処理を記述します。こちらも認証成功時と同様、HTTPステータスだけ設定します。

認証失敗のため、UNAUTHORIZED（401）を設定しています。

未認証時のハンドラー

次は未認証時のハンドラーです。未認証の状態のユーザーで認証が必要なAPIにアクセスしたときに実行される処理になります。**リスト7.1.16**のようにAuthenticationEntryPointインターフェースを実装したクラスを作成します。

リスト7.1.16

```
class BookManagerAuthenticationEntryPoint : AuthenticationEntryPoint {
    override fun commence(
        request: HttpServletRequest,
        response: HttpServletResponse,
        authException: AuthenticationException
    ) {
        response.status = HttpServletResponse.SC_UNAUTHORIZED
    }
}
```

commence関数をオーバーライドして未認証の場合の処理を記述します。UNAUTHORIZED（401）のHTTPステータスを設定しています。

認可失敗時のハンドラー

最後に認可失敗時のハンドラーです。必要なアクセス権限を持っていないユーザーでAPIにアクセスしたときに実行される処理になります。**リスト7.1.17**のようにAccessDeniedHandlerインターフェースを実装したクラスを作成します。import文を記載していますが、これはAccessDeniedExceptionという名前のクラスがKotlinの標準ライブラリにも存在しており、importしないとそちらが使われてしまいコンパイルエラーになるためです。

リスト7.1.17

```
import org.springframework.security.access.AccessDeniedException
// 省略

class BookManagerAccessDeniedHandler : AccessDeniedHandler {
    override fun handle(
        request: HttpServletRequest,
        response: HttpServletResponse,
        accessDeniedException: AccessDeniedException
    ) {
        response.status = HttpServletResponse.SC_FORBIDDEN
    }
}
```

handle関数をオーバーライドして認可失敗した場合の処理を記述します。こちらは認可エラーのため、FORBIDDEN（403）のHTTPステータスを設定しています。

認証、認可の動作確認

ここまででSpring Securityによる認証、認可の処理が一通り実装できたので、動作確認をします。**リスト7.1.2**で作成したSecurityConfigクラスに、実装した各クラスをインポートして進んでください。

ログインしてAPIを実行する

アプリケーションを起動し、まずは**コマンド7.1.18**のcurlコマンドを実行して書籍一覧取得APIへアクセスしてください。

コマンド7.1.18

```
$ curl -i http://localhost:8080/book/list
```

-iはヘッダ情報をレスポンスに含めるオプションになります。すると**リスト7.1.19**のような結果が表示されます。

リスト7.1.19

```
HTTP/1.1 401
Vary: Origin
Vary: Access-Control-Request-Method
Vary: Access-Control-Request-Headers
（省略）
```

未認証の状態でアクセスしたため、認証エラー(401)が返却されています。

次にログインをします。**コマンド7.1.20**のコマンドを実行してください。

コマンド7.1.20

```
$ curl -i -c cookie.txt -H 'Content-Type:application/x-www-form-urlencoded' -X POST -d 'email=user
@test.com' -d 'pass=user' http://localhost:8080/login
HTTP/1.1 200
（省略）
```

テストデータとして登録していた、「ユーザー」のユーザー情報(idが2のデータ)をパラメータとして渡し、ログインAPIを実行しています。本章の「Spring Securityの基本設定」でも出てきましたが、/loginは**リスト7.1.2**のconfigure関数でloginProcessingUrlとして設定していたパスで、Spring Securityでデフォルトで用意されているログインAPIを実行することができます。これにSecurityConfigクラスで設定していたemail、passという名前でユーザー名とパスワードをパラメータとして渡せば、認証処理を実行できます。

-cはCookieの情報を保存するためのオプションです。オプションの後ろに付けたファイル(ここではcookie.txt)に出力されます。認証、認可でCookie内のセッション情報を利用するため、保存しています。

作成されたcookie.txtを開くと、**リスト7.1.21**のような形でCookie情報が保存されています。

リスト7.1.21

```
# Netscape HTTP Cookie File
# https://curl.haxx.se/docs/http-cookies.html
# This file was generated by libcurl! Edit at your own risk.

#HttpOnly_localhost	FALSE	/	FALSE	0	JSESSIONID	BB6F44D73F67072157CF916C90392FD8
```

そしてこのCookieの情報を付加して、再び一覧取得APIを実行します。**コマンド7.1.22**のように-b ファイル名をオプションで付けると、保存したCookieを送信することができます。

コマンド7.1.22

```
$ curl -i -b cookie.txt http://localhost:8080/book/list
HTTP/1.1 200
（省略）
```

```
{"book_list":[{"id":100,"title":"Kotlin入門","author":"コトリン太郎","is_rental":false},{"id":200,
"title":"Java入門","author":"ジャヴァ太郎","is_rental":false}
```


今度はHTTPステータス200となり、データも取得できるようになりました。ちなみにログインAPIは認証失敗した場合（パスワードの間違いなど）は、**コマンド7.1.23**のように認証エラーを返却します。

コマンド7.1.23

```
$ curl -i -c cookie.txt -H 'Content-Type:application/x-www-form-urlencoded' -X POST -d 'email=user
@test.com' -d 'pass=test' http://localhost:8080/login
HTTP/1.1 401
（省略）
```

認可が必要なAPIを実行する

次に、認可の動作確認をします。再び**コマンド7.1.20**を実行してログインした後、**コマンド7.1.24**のコマンドを実行し、書籍登録APIへアクセスします。

コマンド7.1.24

```
$ curl -i -b cookie.txt -H 'Content-Type:application/json' -X POST -d '{"id":400,"title":"Kotlinサー
バーサイドプログラミング実践","author":"竹端尚人","release_date":"2020-12-24"}' http://localhost:8080
/admin/book/register
HTTP/1.1 403
（省略）
```

書籍登録APIはSecurityConfigで記述した設定で、ADMIN権限を持ったユーザーしかアクセスを許可されていません。USER権限の「ユーザー」はアクセス権限がないため、認可エラー(403)が返却されます。

今度はADMIN権限を持った「管理者」でログインし、再び書籍登録APIを実行します（**コマンド7.1.25**）。

コマンド7.1.25

```
$ curl -i -c cookie.txt -H 'Content-Type:application/x-www-form-urlencoded' -X POST -d 'email=admin
@test.com' -d 'pass=admin' http://localhost:8080/login
HTTP/1.1 200
（省略）

$ curl -i -b cookie.txt -H 'Content-Type:application/json' -X POST -d '{"id":400,"title":"Kotlinサー
バーサイドプログラミング実践","author":"竹端尚人","release_date":"2020-12-24"}' http://localhost:8080
/admin/book/register
HTTP/1.1 200
（省略）
```

成功し、書籍を登録することができました。ここまででSecurityConfig、各種ハンドラーで設定したとおりの挙動で処理が行われていることが確認できました。

これで認証、認可は実装が完了です。これらのレスポンスを使用してフロントエンドのプログラムで各種の画面遷移を実装したり、セッション情報を使用してユーザーデータを扱う処理を実装できます。

フロントエンドとの疎通

最後にフロントエンドと疎通をし、ログイン画面から認証を実行してみます。

まず、ブラウザでhttp://localhost:8081/loginへアクセスし、ログイン画面を開きます(**図7.1**)。

図7.1

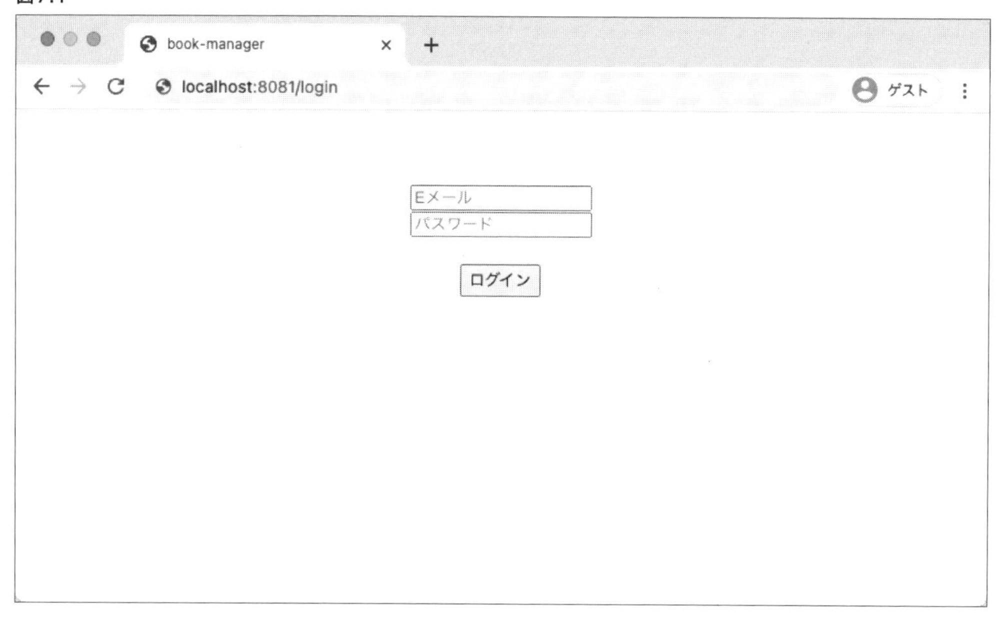

そしてユーザー名、パスワードに次の情報を入力します。

- ユーザー名: user@test.com
- パスワード: user

ログインボタンを押すと認証が成功し、書籍一覧画面が表示されます(**図7.2**)。

図7.2

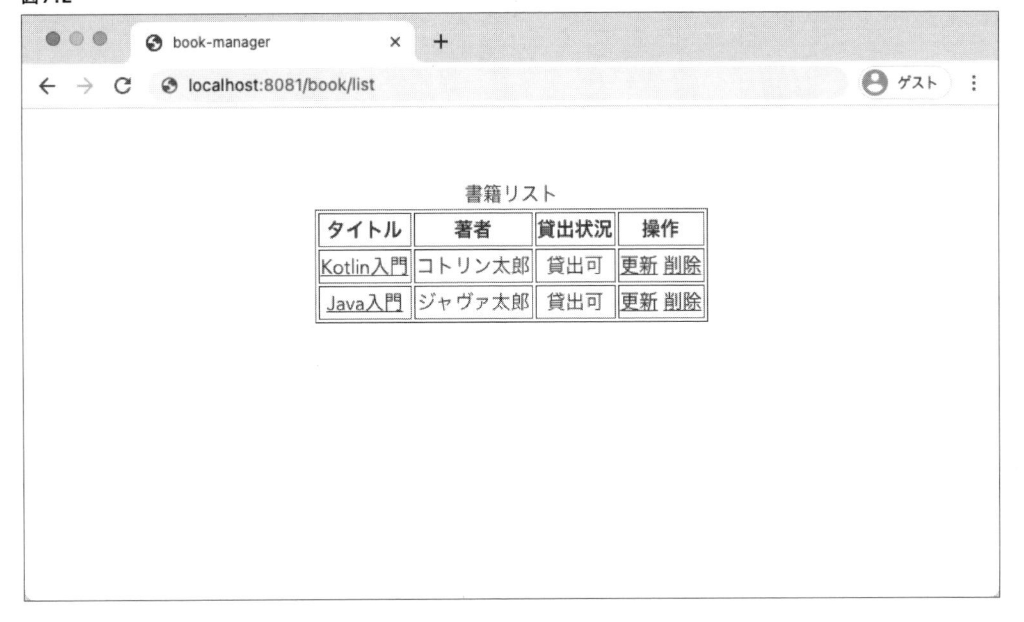

ログイン後にデフォルトで表示するページは、フロントエンド側で制御して書籍一覧ページへリダイレクトするよう実装しています。

また、ログインをしていない状態やセッションの有効期限が切れた状態でhttp://localhost:8081/book/listなどへアクセスすると、ログイン画面へリダイレクトされます。

セッション情報の保存をRedisへ変更

ここまで紹介してきた方法では、セッション情報を、起動したSpring Bootアプリケーションのメモリ領域に保存しています。そのためアプリケーションを停止すると消えてしまい、再起動した際には再度認証を求められるようになってしまいます。

ですので実際のプロダクトではKVS（Key-Value Store）などのミドルウェアを使用して、そちらにセッション情報を保持することが多いです。Spring SecurityでもKVSの一種であるRedis[注1]へ保持する仕組みを簡単に実装する方法が用意されているので、そちらを紹介します。

DockerでRedisを起動

まずRedisを起動します。MySQLと同様Dockerを使用することで簡単に立ち上げることができます。ターミナルでdocker-compose.ymlを配置しているディレクトリの配下へ移動し、**コマンド7.1.26**のコマンドで一度停止しします。

注1　https://redis.io/

コマンド7.1.26

```
$ docker-compose down
```

次に、第6章で作成したdocker-compose.ymlを、**リスト7.1.27**のように書き換えてください。

リスト7.1.27

```
version: '3'
services:
  # MySQL
  db:
    image: mysql:8.0.23
    ports:
      - "3306:3306"
    container_name: mysql_host
    environment:
      MYSQL_ROOT_PASSWORD: mysql
    command: mysqld --character-set-server=utf8mb4 --collation-server=utf8mb4_unicode_ci
    volumes:
      - ./db/data:/var/lib/mysql
      - ./db/my.cnf:/etc/mysql/conf.d/my.cnf
      - ./db/sql:/docker-entrypoint-initdb.d
  # Redis
  redis:
    image: "redis:latest"
    ports:
      - "6379:6379"
    volumes:
      - "./redis:/data"
```

redisのブロックで、RedisのDockerイメージを取得してコンテナを立ち上げるための設定を記述しています。

そして**コマンド7.1.28**のコマンドで再び起動します。

コマンド7.1.28

```
$ docker-compose up -d
```

docker container lsコマンドを実行すると、**コマンド7.1.29**のようにMySQLとRedisのコンテナが起動していることがわかります。

コマンド7.1.29

```
$ docker container ls
CONTAINER ID   IMAGE          COMMAND                   CREATED              STATUS              ↵
PORTS                              NAMES
14b194de028f   mysql:8.0.23   "docker-entrypoint.s…"   About a minute ago   Up About a minute   ↵
0.0.0.0:3306->3306/tcp, 33060/tcp   mysql_host
fa84f0a7717b   redis:latest   "docker-entrypoint.s…"   About a minute ago   Up About a minute   ↵
0.0.0.0:6379->6379/tcp              docker_redis_1
```

build.gradle.ktsへの依存関係の追加

build.gradle.ktsのdependenciesへ、**リスト7.1.30**の2つの依存関係を追加します。

リスト7.1.30

```
implementation("org.springframework.session:spring-session-data-redis")
implementation("redis.clients:jedis")
```

spring-session-data-redisはセッション情報をRedisに保持する実装のために必要なモジュールになります。jedisはRedisへのアクセスするために使用するJavaのライブラリで、spring-session-data-redisでの実装をする際に必要になります。

セッション情報の保存先をRedisへ向ける設定クラスを作成

Redisへセッション情報を保存するための実装は簡単で、**リスト7.1.31**のような任意の名前のクラス（ここではHttpSessionConfig）を作成するだけでできます。

リスト7.1.31

```
@EnableRedisHttpSession
class HttpSessionConfig {
    @Bean
    fun connectionFactory(): JedisConnectionFactory {
        return JedisConnectionFactory()
    }
}
```

ポイントとしては@EnableRedisHttpSessionを付与することにより、SpringとRedisでのセッション管理を有効にしています。そして@Beanアノテーションを付与した任意の名前の関数（ここではconnectionFactory）で、Redisとのコネクションを生成する際に使用するJedisConnectionFactoryクラスのインスタンスを生成します。

Srping Frameworkでは、クラスのインスタンスを返却する関数を定義し@Beanというアノテーションを付けると、その関数で返却したインスタンスがDIコンテナに登録されます。そしてそのインスタンスをDIで使用できるようになります。このJedisConnectionFactoryクラスに関しては明示的にDIすることはありませんが、spring-session-data-redisの中で内部的に使用されます。

こういった実装をする意味としては、DIで使用するインスタンスの内容を変更できることです。**リスト7.1.31**ではデフォルトの状態のインスタンスを返却しているだけなのであまり意味を感じないかもしれませんが、例えば**リスト7.1.32**のようにRedisへの接続の設定を変更することもできます。

リスト7.1.32

```
@EnableRedisHttpSession
class HttpSessionConfig {
    @Bean
    fun connectionFactory(): JedisConnectionFactory {
        val redisStandaloneConfiguration = RedisStandaloneConfiguration().also {
            it.hostName = "kotlin-redis"
            it.port = 16379
        }
        return JedisConnectionFactory(redisStandaloneConfiguration)
    }
}
```

RedisStandaloneConfigurationクラスの各プロパティに使用したい値を設定し、コンストラクタの引数として渡すことで、任意の設定を使用した接続を確立するJedisConnectionFactoryクラスのインスタンスを生成できます。ここではRedisのホスト名とポート番号を指定しています。何も指定しない場合はデフォルト値としてlocalhostと6379(Redisのデフォルトのポート)で接続されます。

この実装をすることで、関数内で値が設定されたJedisConnectionFactoryクラスのインスタンスがDIコンテナに登録され、spring-session-data-redisでのRedis接続時に使用される形になります。

動作確認

セッション管理にRedisが使用されていることの動作確認をします。

まず、**コマンド7.1.33**でログインAPIを実行してログインし、**コマンド7.1.34**で書籍一覧APIを実行して結果を取得します。

コマンド7.1.33

```
$ curl -c cookie.txt -H 'Content-Type:application/x-www-form-urlencoded' -X POST -d 'email=user@test.↵
com' -d 'pass=user' http://localhost:8080/login
```

コマンド7.1.34

```
$ curl -b cookie.txt http://localhost:8080/book/list
{"book_list":[{"id":100,"title":"Kotlin入門","author":"コトリン太郎","is_rental":false},{"id":200,↵
"title":"Java入門","author":"ジャヴァ太郎","is_rental":false},{"id":400,"title":"Kotlinサーバーサイド↵
プログラミング実践","author":"竹端尚人","is_rental":false}]}
```

そしてアプリケーションを再起動し、もう一度**コマンド7.1.34**のcurlコマンドで書籍一覧APIを実行します。認証エラーにならず、同様の結果が得られれば成功です。

2　貸出、返却機能のAPI実装

ユーザーの認証、認可が使えるようになったので、残りの貸出、返却機能のAPIをここから実装していきます。

貸出機能の実装

まずは貸出機能の実装です。対象の書籍のIDを受け取り、ログイン中のユーザーで貸出情報の登録を行います。

画面イメージ

貸出APIを使用する、画面のイメージは**図7.3**になります。

図7.3

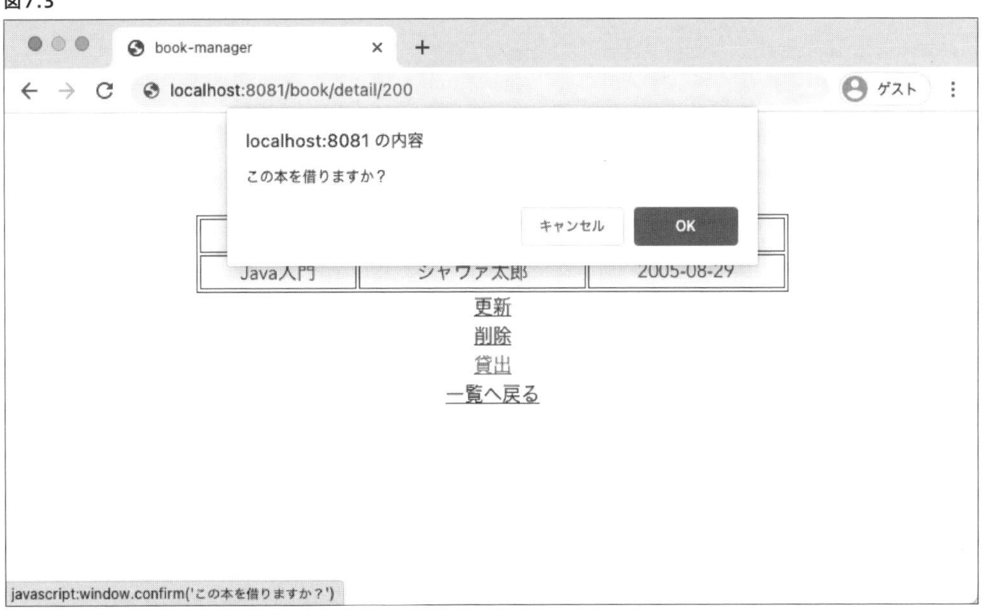

書籍詳細画面から［貸出］リンクを押すと確認ポップアップが表示され、［OK］を押すと実行されます。

Repositoryの実装

まずは**リスト7.2.1**のRentalRepositoryインターフェースを作成します。

リスト7.2.1

```
interface RentalRepository {
    fun startRental(rental: Rental)
}
```

そして**リスト7.2.2**のRentalRepositoryImplクラスを作成します。ここのimport文も、IDEでの補完がうまく効かないものが含まれているため記載しています。

リスト7.2.2

```
import com.book.manager.domain.model.Rental
import com.book.manager.domain.repository.RentalRepository
import com.book.manager.infrastructure.database.mapper.RentalMapper
import com.book.manager.infrastructure.database.mapper.insert
import com.book.manager.infrastructure.database.record.RentalRecord
import org.springframework.stereotype.Repository

@Suppress("SpringJavaInjectionPointsAutowiringInspection")
@Repository
class RentalRepositoryImpl(
    private val rentalMapper: RentalMapper
) : RentalRepository {
    override fun startRental(rental: Rental) {
        rentalMapper.insert(toRecord(rental))
    }

    private fun toRecord(model: Rental): RentalRecord {
        return RentalRecord(model.bookId, model.userId, model.rentalDatetime, model.returnDeadline)
    }
}
```

こちらは貸出時に呼び出される処理で、rentalテーブルへのデータの登録をしています。併せてRentalクラスからRentalRecordクラスへの変換処理も定義しています。

また、UserRepositoryインターフェースに**リスト7.2.3**、UserRepositoryImplクラスに**リスト7.2.4**の関数を追加してください。

リスト7.2.3

```
fun find(id: Long): User?
```

リスト7.2.4

```
override fun find(id: Long): User? {
    val record = mapper.selectByPrimaryKey(id)
    return record?.let { toModel(it) }
}
```

主キーのidでuserテーブルを検索する関数です。セッションに登録されているユーザーIDでデータを取得する際に使用します。

Serviceの実装

次にServiceの実装です。**リスト7.2.5**のRentalServiceクラスを作成します。

リスト7.2.5

```
// 貸出期間
private const val RENTAL_TERM_DAYS = 14L

@Service
class RentalService(
    private val userRepository: UserRepository,
    private val bookRepository: BookRepository,
    private val rentalRepository: RentalRepository
) {
    @Transactional
    fun startRental(bookId: Long, userId: Long) {
        userRepository.find(userId) ?: throw IllegalArgumentException("該当するユーザーが存在しませ↗
ん userId:${userId}")
        val book = bookRepository.findWithRental(bookId) ?: throw IllegalArgumentException("該当する↗
書籍が存在しません bookId:${bookId}")

        // 貸出中のチェック
        if (book.isRental) throw IllegalStateException("貸出中の商品です bookId:${bookId}")

        val rentalDateTime = LocalDateTime.now()
        val returnDeadline = rentalDateTime.plusDays(RENTAL_TERM_DAYS)
        val rental = Rental(bookId, userId, rentalDateTime, returnDeadline)

        rentalRepository.startRental(rental)
    }
}
```

対象の書籍のIDと、貸し出すユーザーのIDを引数として受け取り、貸出情報の登録を行います。

まず最初にユーザーIDでユーザー情報を取得し、存在チェックをしています。存在しない場合は例外を投げます。

次に対象の書籍情報を取得し、こちらも存在しない場合は例外を投げます。さらに、Bookクラスの

isRentalを使用して貸出状況のチェックをしています。すでに貸出中の書籍だった場合は、例外を投げます。

ここまでのチェックが通り、貸出可能な書籍だった場合は、貸出情報の登録を実行します。貸出日時には現在日時、返却予定日には貸出期間（ここでは14日間）を足した日時を設定しています。

Controllerの実装

そしてControllerの実装です。前述の認証したユーザー情報を扱います。RentalForm.kt（名前は任意）というファイルを作成し、**リスト7.2.6**のデータクラスを追加します。

リスト7.2.6

```
data class RentalStartRequest(
    val bookId: Long
)
```

貸出APIのリクエストパラメータです。書籍IDのみを持っています。そして**リスト7.2.7**のControllerクラスを作成します。

リスト7.2.7

```
@RestController
@RequestMapping("rental")
@CrossOrigin
class RentalController(
    private val rentalService: RentalService
) {
    @PostMapping("/start")
    fun startRental(@RequestBody request: RentalStartRequest) {
        val user = SecurityContextHolder.getContext().authentication.principal as BookManagerUserDetails
        rentalService.startRental(request.bookId, user.id)
    }
}
```

/rentalをルートパスとし、/startのパスで貸出処理の関数を定義しています。ポイントは**リスト7.2.8**の部分になります。

リスト7.2.8

```
val user = SecurityContextHolder.getContext().authentication.principal as BookManagerUserDetails
```

このSecurityContextHolderの中に認証したユーザーの情報が保持されていて、それを取得しています。取得されるprincipalはObject型として定義されているため、BookManagerUserDetailsでキャストしています。

これでIDやメールアドレスなどの情報が入ったユーザー情報が扱えるので、使用してRentalServiceクラスの関数を実行しています。

動作確認

貸出APIを実行してみます。貸出機能はUSER権限でアクセスできるため、「ユーザー」でログインしてアクセスします。**コマンド7.2.9**を実行し、書籍IDが200の『Java入門』を借ります。

コマンド7.2.9

```
$ curl -c cookie.txt -H 'Content-Type:application/x-www-form-urlencoded' -X POST -d 'email=user@test.
com' -d 'pass=user' http://localhost:8080/login

$ curl -b cookie.txt -H 'Content-Type:application/json' -X POST -d '{"book_id":200}' http://localhost
:8080/rental/start
```

そして**コマンド7.2.10**のcurlコマンドで詳細取得APIを実行し、貸出状態を確認します。

コマンド7.2.10

```
$ curl -b cookie.txt http://localhost:8080/book/detail/200
{"id":200,"title":"Java入門","author":"ジャヴァ太郎","release_date":"2005-08-29","rental_info":
{"user_id":2,"rental_datetime":"2021-01-24T21:01:41","return_deadline":"2021-02-07T21:01:41"}}
```

貸出情報が登録されているため、rental_infoの情報が入った状態で返ってくるようになりました。また、この状態で同じ書籍に対して貸出APIを実行すると、エラーが返ってきます（**コマンド7.2.11**）。

コマンド7.2.11

```
$ curl -b cookie.txt -H 'Content-Type:application/json' -X POST -d '{"book_id":200}' http://localhost
:8080/rental/start
{"timestamp":"2020-08-01T02:28:03.397+00:00","status":500,"error":"Internal Server Error","message":
"","path":"/rental/start"}
```

フロントエンドとの疎通

完成したAPIをフロントエンドと疎通します。ブラウザでhttp://localhost:8081/book/detail/200（200の部分は任意の書籍IDを入力）へアクセスして書籍詳細画面を表示し、［貸出］リンクを押下してください。**図7.4**のような貸出確認のポップアップが表示されます。

図7.4

［OK］を押して**図7.5**のような画面が表示されれば成功です。

図7.5

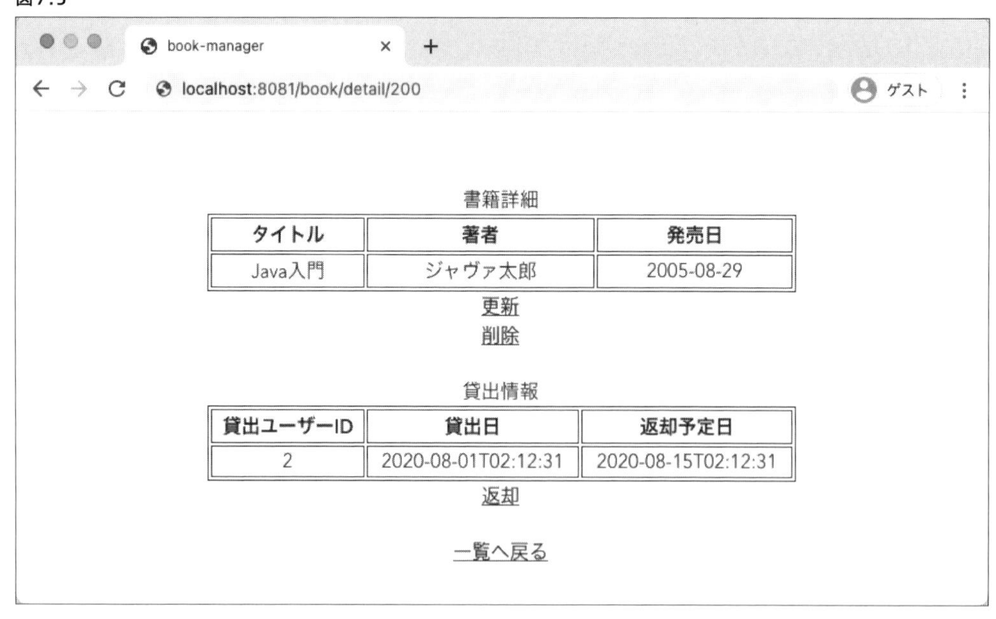

同じ書籍詳細画面ですが、返却予定日などの貸出情報が表示され、返却リンクが表示されています。返却リンクは借りているユーザーがアクセスした場合のみ表示されます。

返却機能の実装

次は返却機能の実装です。これで機能ごとのAPIの実装は最後になります。貸出機能と同様に対象の書籍IDを受け取り、ログイン中のユーザー情報を使用し返却の処理を行います。

返却処理は、rentalテーブルのレコードを削除することで実現します。

画面イメージ

貸出APIを使用する、画面のイメージは**図7.6**になります。

図7.6

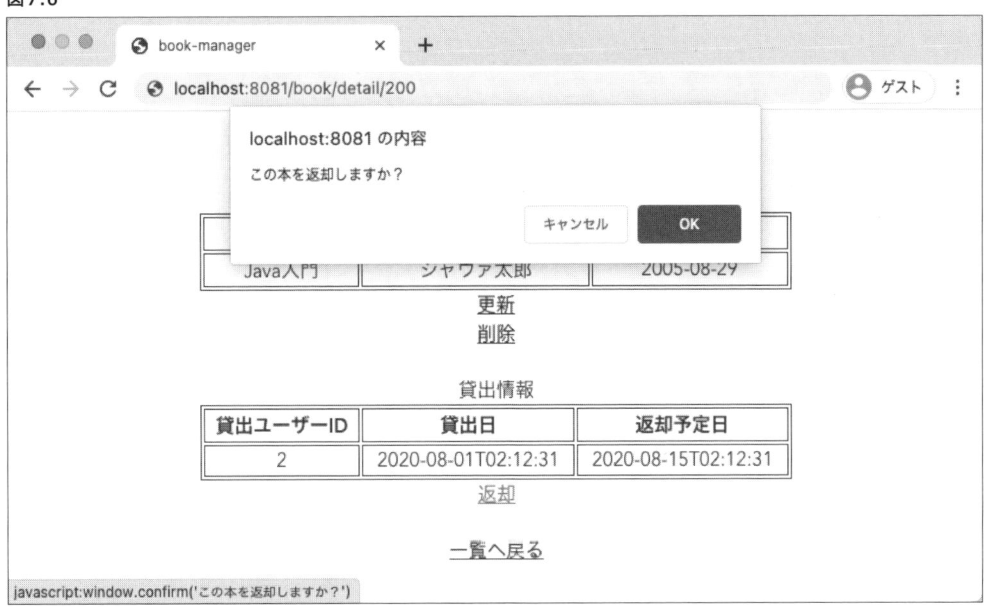

借りている書籍の書籍詳細ページに行くと表示される［返却］リンクを押すと確認ポップアップが表示され、［OK］を押すと実行されます。

Repositoryの実装

`RentalRepository`インターフェースに**リスト7.2.12**、`RentalRepositoryImpl`クラスに**リスト7.2.13**の関数の追加をします。

リスト7.2.12

```
fun endRental(bookId: Long)
```

リスト7.2.13

```
override fun endRental(bookId: Long) {
    rentalMapper.deleteByPrimaryKey(bookId)
}
```

返却対象の書籍IDを引数で受け取り、rentalテーブルのレコード削除を行っています。

Serviceの実装

次にServiceの実装です。RentalServiceクラスに**リスト7.2.14**の関数を追加します。

リスト7.2.14

```
@Transactional
fun endRental(bookId: Long, userId: Long) {
    userRepository.find(userId) ?: throw IllegalArgumentException("該当するユーザーが存在しません ↵
userId:${userId}")
    val book = bookRepository.findWithRental(bookId) ?: throw IllegalArgumentException("該当する書籍↵
が存在しません bookId:${bookId}")

    // 貸出中のチェック
    if (!book.isRental) throw IllegalStateException("未貸出の商品です bookId:${bookId}")
    if (book.rental!!.userId != userId) throw IllegalStateException("他のユーザーが貸出中の商品です ↵
userId:${userId} bookId:${bookId}")

    rentalRepository.endRental(bookId)
}
```

対象の書籍IDと、貸し出すユーザーIDを引数として受け取り、貸出情報の削除を行います。

貸出機能と同様、ユーザーIDと書籍IDでそれぞれの存在チェックをしています。存在しない場合は例外を投げます。

その後Bookクラスの`isRental`を使用して貸出状況をチェックし、貸出中の書籍でなかった場合は例外を投げます。

さらに、貸出中だった場合も貸出ユーザーがパラメータで送られてきたIDのユーザーであるかチェックし、違った場合は例外を投げます。

ここまでのチェックが通った後、Repositoryの処理を呼び出しデータの削除を実行します。

Controllerの実装

そしてControllerの実装です。返却処理でも認証したユーザー情報を扱います。

RentalControllerクラスに**リスト7.2.15**の関数を追加します。

リスト7.2.15

```
@DeleteMapping("/end/{book_id}")
fun endRental(@PathVariable("book_id") bookId: Long) {
    val user = SecurityContextHolder.getContext().authentication.principal as BookManagerUserDetails
    rentalService.endRental(bookId, user.id)
}
```

/endというパスにパスパラメータで返却対象の書籍IDを受け取り、SecurityContextHolderからセッションのユーザー情報を取得し、返却処理を実行しています。

動作確認

返却APIの実行です。**コマンド7.2.16**のcurlコマンドで、前述の貸出APIで借りた書籍を返却します（セッションが切れている場合は先にログインAPIを実行してください）。

コマンド7.2.16

```
$ curl -b cookie.txt -X DELETE http://localhost:8080/rental/end/200
```

そして**コマンド7.2.17**のcurlコマンドで書籍詳細取得APIを実行し、貸出状態を確認します。

コマンド7.2.17

```
$ curl -b cookie.txt http://localhost:8080/book/detail/200
{"id":200,"title":"Java入門","author":"ジャヴァ太郎","release_date":"2005-08-29","rental_info":null}
```

貸出情報が削除され、rental_infoがnullになった状態で返ってきます。

これで全APIの実装が完了しました。

フロントエンドとの疎通

完成したAPIをフロントエンドと疎通します。書籍を借りているユーザーでログインし、ブラウザでhttp://localhost:8081/book/detail/200（200の部分は任意の書籍IDを入力）へアクセスして書籍詳細画面を表示し、[返却] リンクを押下してください。**図7.7**のような貸出確認のポップアップが表示されます。

図7.7

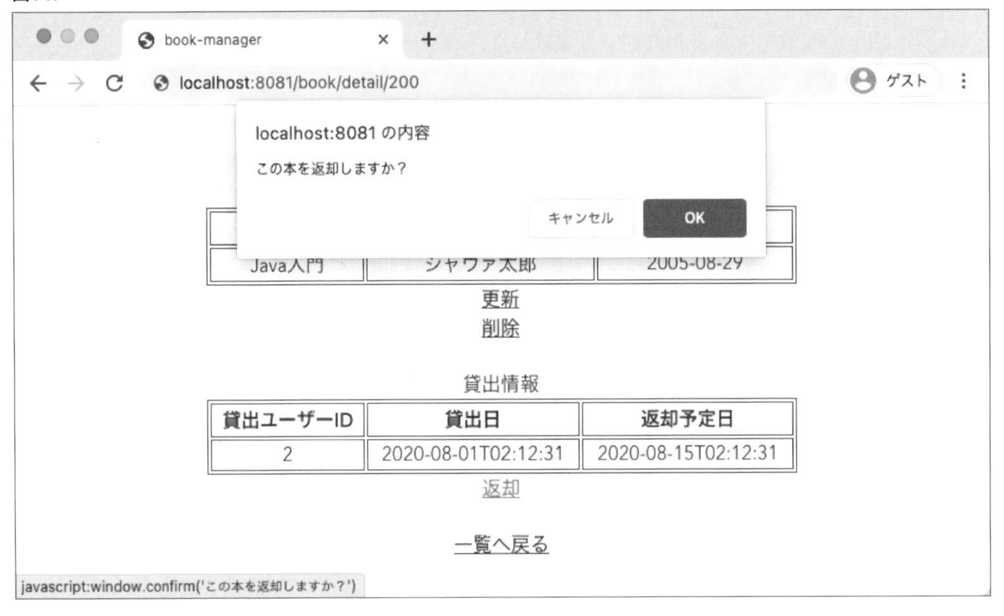

［OK］を押して**図7.8**のような画面が表示されれば成功です。

図7.8

返却が完了したため、貸出情報がなくなって貸出リンクが表示され、貸出前の状態の詳細ページに表示が戻っています。

3 Spring AOPでログの出力

次は、アプリケーションの共通機構として、APIアクセス時のログ出力ができるようにします。Spring AOPという機能を使用して、毎APIのアクセスに対してログ出力処理を差し込む処理を実装します。

Spring AOPとは?

Spring AOPは、AOP（Aspect Oriented Programming、アスペクト指向プログラミング）を実現するためのSpring Frameworkのライブラリです。AOPはロギングのように様々なオブジェクトから実行される処理（横断的関心事と言われます）を切り出し、各オブジェクトから直接呼び出さず実行される共通の処理として定義するプログラミングパラダイムになります。

build.gradle.ktsへの依存関係の追加

Spring AOPを使用するための依存関係をbuild.gradle.ktsに追加します。dependenciesに**リスト7.3.1**を追加してください。

リスト7.3.1

```
implementation("org.springframework.boot:spring-boot-starter-aop")
```

application.ymlのロギングの設定追加

ロギングの設定を追加します。第6章で作成したapplication.ymlを、**リスト7.3.2**のように書き換えてください。

リスト7.3.2

```
spring:
  datasource:
    url: jdbc:mysql://127.0.0.1:3306/book_manager?characterEncoding=utf8
    username: root
    password: mysql
    driverClassName: com.mysql.jdbc.Driver
  jackson:
    property-naming-strategy: SNAKE_CASE
# ロギングに関する設定
logging:
  level:
    root: INFO
```

logging以下の部分がロギングに関する設定です。ここではlevelでログレベルを定義していて、ログレベルがINFO以上のものだけ出力されるように設定しています。

@Before、@AfterでControllerの前後にロギングを追加

まずは各APIでアクセスされるControllerの前後に、アクセスされた関数の情報を出力する処理を定義します。**リスト7.3.3**のLoggingAdviceクラス（名前は任意）を作成してください。

リスト7.3.3

```
private val logger = LoggerFactory.getLogger(LoggingAdvice::class.java)

@Aspect
@Component
class LoggingAdvice {
    @Before("execution(* com.book.manager.presentation.controller..*.*(..))")
    fun beforeLog(joinPoint: JoinPoint) {
        val user = SecurityContextHolder.getContext().authentication.principal as BookManagerUserDetails
        logger.info("Start: ${joinPoint.signature} userId=${user.id}")
        logger.info("Class: ${joinPoint.target.javaClass}")
        logger.info("Session: ${(RequestContextHolder.getRequestAttributes() as ServletRequest↙
Attributes).request.session.id}")
    }

    @After("execution(* com.book.manager.presentation.controller..*.*(..))")
    fun afterLog(joinPoint: JoinPoint) {
        val user = SecurityContextHolder.getContext().authentication.principal as BookManagerUserDetails
        logger.info("End: ${joinPoint.signature} userId=${user.id}")
    }
}
```

クラス名に含まれているAdvice（アドバイス）は、AOPにおいて「横断的関心事」の処理を定義するものを指します。定義するクラスには、@Aspectアノテーションを付与します。

そしてこのクラス内で定義されているbeforeLog、afterLogという関数で書かれているのが処理の内容になります。@Beforeのアノテーションが付与されている関数が前処理、@Afterの付与された関数が後処理を実装していて、それぞれアノテーションの引数で指定したクラスに対して機能します。

アノテーションの引数

executionを使用することで、対象の関数を指定することができます。引数で定義している値の意味は、以下のようになります。

```
(戻り値 パッケージ名.クラス名.関数名(引数の型))
```

*で指定している箇所は任意の文字列を表します。この例ではパッケージ名のみを指定し、その他のパラメータはすべて任意の文字列にしています。com.book.manager.presentation.controller配下のクラス、つまり各APIのControllerクラスの処理が呼び出された前後にこの関数の処理が実行されます。ここではサンプルのプロジェクトに合わせていますが、違う名前を使用している場合は自身の環境に合わせて、Controllerクラスを配置しているパッケージに変更してください。

対象処理の情報の取得

関数の引数で指定しているJoinPointには、このBefore、Afterの処理が呼び出される対象の処理（ここではControllerクラスの処理）の情報が含まれています。ここではjoinPoint.signatureを呼び出し、関数のシグネチャの情報を出力しています。

SLF4Jのロガーによるログ出力

トップレベルで定義しているLoggerFactory.getLogger(LoggingAdvice::class.java)で、ロガーを生成しています。これはSLF4JというJavaのログライブラリを使用しています。info、errorなどログレベルごとのメソッドが用意されており、ここではINFOで関数のシグネチャ、セッションから取得したユーザーIDを出力しています。

動作確認

ログインして書籍一覧取得のAPIを実行します（**コマンド7.3.4**）。

コマンド7.3.4

```
$ curl -c cookie.txt -H 'Content-Type:application/x-www-form-urlencoded' -X POST -d 'email=user@test.↵
com' -d 'pass=user' http://localhost:8080/login

$ curl -b cookie.txt http://localhost:8080/book/list
{"book_list":[{"id":100,"title":"Kotlin入門","author":"コトリン太郎","is_rental":false},{"id":200,↵
"title":"Java入門","author":"ジャヴァ太郎","is_rental":false}]}
```

実行しているターミナル上（IntelliJ IDEAから起動している場合はIntelliJ IDEAのRunビュー）に**リスト7.3.5**のようなログが出力されます。

リスト7.3.5

```
INFO 49745 --- [nio-8080-exec-1] com.book.manager.aop.LoggingAdvice       : Start: GetBookList↵
Response com.book.manager.presentation.controller.BookController.getList() userId=2

（省略）

INFO 49745 --- [nio-8080-exec-1] com.book.manager.aop.LoggingAdvice       : End: GetBookListResponse ↵
com.book.manager.presentation.controller.BookController.getList() userId=2
```

GetBookListResponse com.book.manager.controller.BookController.getList() が joinPoint.signatureで出力しているものです。戻り値の型とパッケージ名.クラス名.関数名が出力されます。

@Aroundによる前後処理の差し込み

前後に処理を差し込むのは、@Aroundというアノテーションを使っても実現できます。LoggingAdviceクラスに、**リスト7.3.6**の関数を追加します。

リスト7.3.6

```
@Around("execution(* com.book.manager.presentation.controller..*.*(..))")
fun aroundLog(joinPoint: ProceedingJoinPoint): Any? {
    // 前処理
    val user = SecurityContextHolder.getContext().authentication.principal as BookManagerUserDetails
    logger.info("Start Proceed: ${joinPoint.signature} userId=${user.id}")

    // 本処理の実行
    val result = joinPoint.proceed()

    // 後処理
    logger.info("End Proceed: ${joinPoint.signature} userId=${user.id}")

    // 本処理の結果の返却
    return result
}
```

ProceedingJoinPointという型の値を引数に取ります。この引数のproceed()メソッドを実行すると、AOPの対象の処理を実行します。その前後に処理を書くことで共通の前処理、後処理を実現でき、より柔軟な実装が可能です。アノテーションの引数の指定は@Before、@Afterと同様です。

書籍一覧取得APIを実行すると、**リスト7.3.7**のようなログが出力されます。

リスト7.3.7

```
2020-08-09 10:25:47.660  INFO 49888 --- [nio-8080-exec-1] com.book.manager.aop.LoggingAdvice       : ⤶
Start Proceed: GetBookListResponse com.book.manager.presentation.controller.BookController.getList() ⤶
userId=2

（省略）

2020-08-09 10:25:47.950  INFO 49888 --- [nio-8080-exec-1] com.book.manager.aop.LoggingAdvice       : ⤶
End Proceed: GetBookListResponse com.book.manager.presentation.controller.BookController.getList() ⤶
userId=2
```

@AfterReturning、@AfterThrowingによる後処理の差し込み

単純に処理の前後だけではなく、戻り値や例外に応じた後処理を定義することもできます。

@AfterReturning——戻り値に応じて実行する後処理

@AfterReturningは戻り値に応じて実行する処理を定義します。**リスト7.3.8**のように実装します。

リスト7.3.8

```
@AfterReturning("execution(* com.book.manager.presentation.controller..*.*(..))", returning = 
"returnValue")
fun afterReturningLog(joinPoint: JoinPoint, returnValue: Any?) {
    logger.info("End: ${joinPoint.signature} returnValue=${returnValue}")
}
```

returningで指定した名前で対象処理の戻り値を扱うことができます。同じ名前の引数をafterReturningLog関数に定義し、ログ出力しています。**リスト7.3.9**のようなログが出力されます。

リスト7.3.9

```
INFO 50378 --- [nio-8080-exec-3] com.book.manager.aop.LoggingAdvice        : End: GetBookListResponse 
com.book.manager.presentation.controller.BookController.getList() returnValue=GetBookListResponse
(bookList=[BookInfo(id=100, title=Kotlin入門, author=コトリン太郎, isRental=false), BookInfo(id=200, 
title=Java入門, author=ジャヴァ太郎, isRental=false), BookInfo(id=400, title=Kotlinサーバーサイドプロ
グラミング実践, author=竹端尚人, isRental=false)])
```

書籍一覧取得APIのレスポンスの値が出力されています。

@AfterThrowing——例外の種類に応じて実行する後処理

@AfterThrowingは例外スロー時に、スローされた例外の種類に応じて実行する処理を定義できます。**リスト7.3.10**のように実装します。

リスト7.3.10

```
@AfterThrowing("execution(* com.book.manager.presentation.controller..*.*(..))", throwing = "e")
fun afterThrowingLog(joinPoint: JoinPoint, e: Throwable) {
    logger.error("Exception: ${e.javaClass} signature=${joinPoint.signature} message=${e.message}")
}
```

@AfterReturningに似ていて、こちらはthrowingで指定した名前で、関数の引数に例外を渡します。ここではスローされた例外のクラス名とメッセージを出力しています。

書籍詳細取得APIに存在しないIDを渡して実行し、例外を発生させます（**コマンド7.3.11**）。

コマンド7.3.11

```
$ curl -b cookie.txt http://localhost:8080/book/detail/1
```

リスト7.3.12のように、スローされたIllegalArgumentExceptionとメッセージが出力されます。

リスト7.3.12

```
ERROR 50818 --- [nio-8080-exec-1] com.book.manager.aop.LoggingAdvice       : Exception: class java.
lang.IllegalArgumentException signature=GetBookDetailResponse com.book.manager.presentation.
controller.BookController.getDetail(long) message=存在しない書籍ID: 1
```

この例ではThrowable型を引数として定義したためすべての例外が発生した際に呼ばれますが、特定の例外クラスの型を指定することで、その型の例外がスローされたときのみ実行されるようにすることも可能です。例えば**リスト7.3.13**のように実装すると、IllegalArgumentExceptionがスローされたときのみafterThrowingLogの処理が実行されるようになります。

リスト7.3.13

```
@AfterThrowing("execution(* com.book.manager.presentation.controller..*.*(..))", throwing = "e")
fun afterThrowingLog(joinPoint: JoinPoint, e: IllegalArgumentException) {
    logger.error("Exception: ${e.javaClass} signature=${joinPoint.signature} message=${e.message}")
}
```

第8章 JUnitで単体テストを実装する

第2部の最後となる本章では、単体テストの実装について解説します。実際のプロダクトを開発する上で、テストの自動化は必須になってきます。特に単体テストのテストコードの実装や、CI (Continuous Integration、継続的インテグレーション) での実行は多くのプロジェクトで導入されています。サーバーサイドKotlinでもそれは同様で、これから解説するJUnitというテスティングフレームワークを使用して実現されていることが多いです。

第7章まででシステムの機能としてはできあがっていますが、最後にいくつかのテストコードを書いて完成とします。サーバーサイドKotlinを「実践」していくためにも、ここで単体テストの実装についても習得し、実際に開発で使う際はテストコードも充実させていけるようにしていただければと思います。

1　JUnitの導入

JUnitとは?

JUnitは単体テストを実装するためのテスティングフレームワークです。Javaのテスティングフレームワークとして最もポピュラーなものの一つで、Kotlinのプロジェクトでも多く使用されています。

build.gradle.ktsへの依存関係の追加

JUnitの導入は、**リスト8.1.1**の依存関係をbuild.gradle.ktsのdependenciesに追加します。junit-jupiter-engineがJUnitを使ったテストを作成するための基幹のフレームワークになります。もう一つ追加しているassertj-coreは、AssertJ[注1]というテストの中の検証処理で使用するライブラリです。

リスト8.1.1

```
testImplementation("org.junit.jupiter:junit-jupiter-engine:5.7.1")
testImplementation("org.assertj:assertj-core:3.19.0")
```

注1　https://github.com/assertj/assertj-core

ここまでに出てきたbuild.gradle.ktsのサンプルでもいくつかありましたが、`testImplementation`はテストコード（src/test/kotlin配下のコード）でのみ使用される依存関係を意味します。そのためsrc/main/kotlin配下に実装している通常のロジックのコードでは参照できません。

2 JUnitでWebアプリケーションの単体テスト

単体テストを実装していきます。ドメインオブジェクト、Service、Controllerに対してのテストを実装します。

ドメインオブジェクトのテスト

まずはドメインオブジェクトのテストです。ドメインオブジェクトは他の階層への依存がないため、最もシンプルに記述することができます。ここでは`BookWithRental`クラスに対するテストを実装します。

テストクラスの作成

src/test/kotlin配下に、src/main/kotlin配下の`BookWithRental`クラスが配置してあるパッケージと同様の構成のパッケージ（サンプルプロジェクトではcom.book.manager.domain.model）を作成し、**リスト8.2.1**の`BookWithRentalTest`クラスを作成してください。テストコードはこのsrc/test/kotlin配下に作成していきます。パッケージは必ずしも一致している必要はありませんが、そろえておくと同じパッケージのクラスとして扱われます。それによりテスト対象のクラスをimportする必要がなくなるため、本書ではこの形を取っています。

リスト8.2.1

```
import org.assertj.core.api.Assertions
// 省略

internal class BookWithRentalTest {
    @Test
    fun `isRental when rental is null then return false`() {
        val book = Book(1, "Kotlin入門", "コトリン太郎", LocalDate.now())
        val bookWithRental = BookWithRental(book, null)
        Assertions.assertThat(bookWithRental.isRental).isEqualTo(false)
    }
}
```

`@Test`のアノテーションを付けた関数が、テストの関数として実行されます。`BookWithRental`クラスのインスタンスを生成し、`isRental`の結果を検証しています。`Assertions.assertThat`という関数に検証したい値（ここでは`isRental`の結果）を設定します。そして`isEqualTo`に期待する値を設定すると、

assertThatに渡した値と等価かどうかを検証します。bookWithRentalはrentalをnullで生成しているため、isRentalはfalseを返却すると期待しています。

また、AssertionsはJUnitとAssertJそれぞれに存在するのですが、本書で使用するのはAssertJのほうになります。記載しているorg.assertj.core.api.Assertionsをimportしてください。本章でも第6章、第7章と同様に名前の被っているものが存在するクラスがいくつか出てきます。そういったコードの場合はimport文を併せて記載しているので、そちらを使用してください。

IntelliJ IDEAで関数名の横に三角形の実行アイコンが表示されます。ここをクリックし、「Run 'BookWithRentalTest.i...'」を選択するとテストが実行されます（**図8.1**）。

図8.1

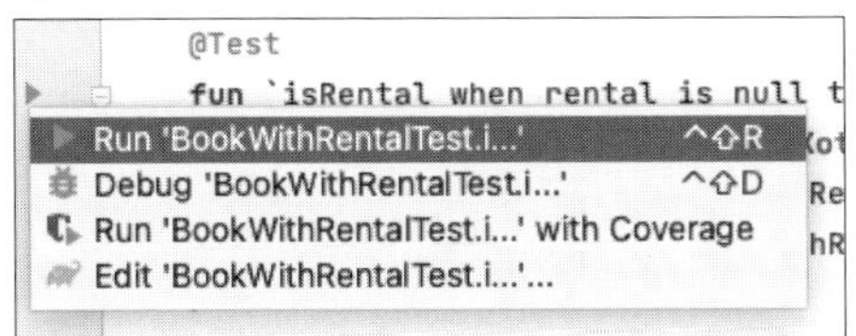

そしてRunビューに**図8.2**のようにテスト結果が表示されます。

図8.2

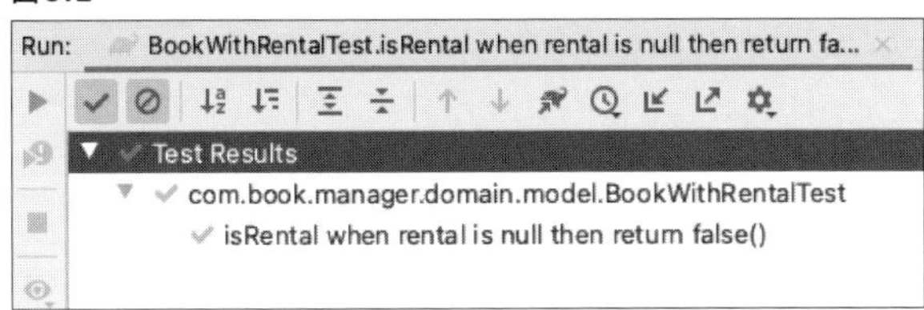

結果がグリーンになっていれば成功です。もし「Test Results」以外の行が表示されていない場合は、テスト結果の左上にあるチェックマークのボタンを押下し、有効にしてください。こちらが非活性になっていると、正常終了したテストケースの結果が表示されなくなります。

失敗すると、**図8.3**のように対象のテストケースが黄色のアイコンで表示されます。

図8.3

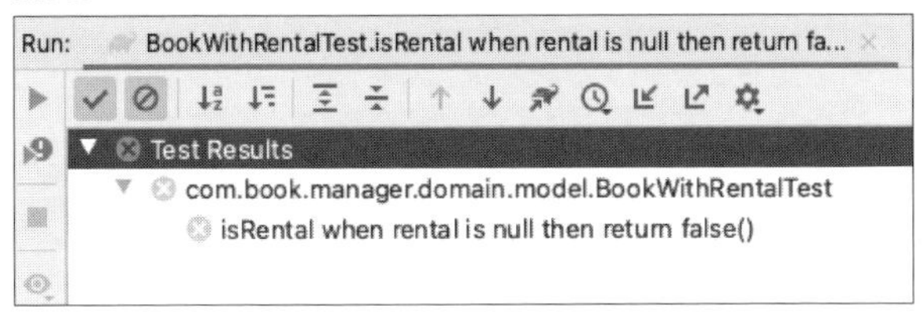

テストケースの追加

もう一つテストケースを追加してみます。**リスト8.2.2**の関数をBookWithRentalTestクラスに追加してください。

リスト8.2.2

```
@Test
fun `isRental when rental is not null then return true`() {
    val book = Book(1, "Kotlin入門", "コトリン太郎", LocalDate.now())
    val rental = Rental(1, 100, LocalDateTime.now(), LocalDateTime.MAX)
    val bookWithRental = BookWithRental(book, rental)
    Assertions.assertThat(bookWithRental.isRental).isEqualTo(true)
}
```

今度は結果がtrueになるケースを検証しています。この関数だけをテストしたい場合は前述の方法と同様に関数の横にあるアイコンから実行すればできますが、すべてのテストを実行したい場合はクラスの横に表示されているアイコンから「Run 'BookWithRentalTest'」を選択するとできます（**図8.4**）。

図8.4

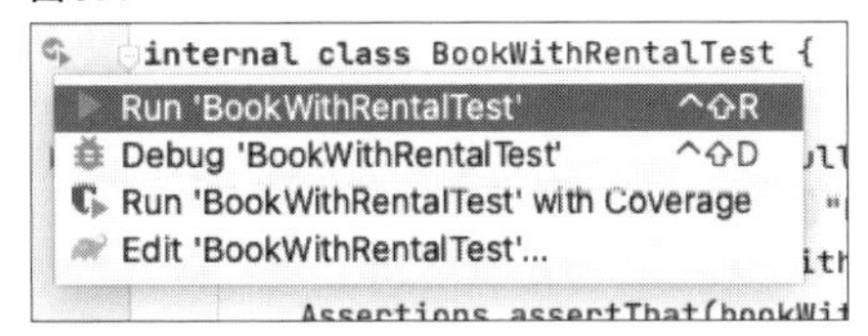

Repositoryのモック化とServiceクラスのテスト

次に、Serviceクラスのテストを実装します。ServiceクラスはRepositoryへ依存しているため、モック化をします。

Mockitoの導入

モック化にはMockitoというライブラリを使用します。build.gradle.ktsのdependenciesに**リスト8.2.3**の依存関係を追加してください。

リスト8.2.3

```
testImplementation("org.mockito:mockito-core:3.8.0")
testImplementation("com.nhaarman.mockitokotlin2:mockito-kotlin:2.2.0")
```

MockitoはJavaのモックライブラリで、mockito-kotlinはMockitoをKotlinで使いやすくするための拡張が入ったライブラリです。

モックオブジェクトの生成

Serviceクラスのテストを作成していきます。src/test/kotlin配下にBookServiceが配置されているパッケージと同様の構成のパッケージ（サンプルプロジェクトではcom.book.manager.application.service）を作り、**リスト8.2.4**のBookServiceTestクラスを作成してください。書籍一覧情報を取得する、getList関数に対するテストです。

リスト8.2.4

```
import com.nhaarman.mockitokotlin2.mock
import com.nhaarman.mockitokotlin2.whenever
import org.assertj.core.api.Assertions
// 省略

internal class BookServiceTest {
    private val bookRepository = mock<BookRepository>()

    private val bookService = BookService(bookRepository)

    @Test
    fun `getList when book list is exist then return list`() {
        val book = Book(1, "Kotlin入門", "コトリン太郎", LocalDate.now())
        val bookWithRental = BookWithRental(book, null)
        val expected = listOf(bookWithRental)

        whenever(bookRepository.findAllWithRental()).thenReturn(expected)

        val result = bookService.getList()
        Assertions.assertThat(expected).isEqualTo(result)
    }
}
```

ここではBookServiceで使用するBookRespositoryをモック化しています。mock関数を使用し、対象のクラスを指定することでモック化されたオブジェクトを生成することができます。そしてモック化したオブジェクトをコンストラクタに渡し、BookServiceのインスタンスを生成しています。Spring Frameworkでコンストラクタインジェクションを使用していることで、このようにモックオブジェクトをコンストラクタに渡すだけで適用でき、テスト時に使用するオブジェクトの差し替えが簡単にできます。

モックオブジェクトが処理する関数と戻り値は、whenever関数を使用して設定します。ここではBookRepositoryのfindAll関数を指定しています。戻り値はwhenever関数にチェインしたthenReturn関数で指定できます。これでfindAll関数が呼び出されたとき、ダミーのList<BookWithRental>型のオブジェクトが返却されるようになります。

そしてfindAllがモックで指定したオブジェクトを返す想定で、getListを実行した結果を検証します。getListはfindAllが返したBookWithRentalクラスのListをそのまま返却するだけの処理なので、モックで返しているダミーのListと結果の値を比較して検証しています。

BookWithRentalTestと同様IntelliJ IDEAから実行し、結果がグリーンになれば成功です。

モックオブジェクトの関数呼び出しの検証

モックオブジェクトを使用した際は、結果だけでなく「対象の関数が想定どおりに呼び出されているか」を確認する必要があります。verifyという関数を使用することで実現します。

src/test/kotlin配下に**リスト8.2.5**のクラスを作成します。RentalServiceに対応するRentalServiceTestクラスです。こちらも他のクラスと同様、RentalServiceと同じパッケージ（サンプルプロジェクトではcom.book.manager.application.service）に配置してください。

リスト8.2.5

```
import com.nhaarman.mockitokotlin2.any
import com.nhaarman.mockitokotlin2.mock
import com.nhaarman.mockitokotlin2.verify
import com.nhaarman.mockitokotlin2.whenever
// 省略

internal class RentalServiceTest {
    private val userRepository = mock<UserRepository>()
    private val bookRepository = mock<BookRepository>()
    private val rentalRepository = mock<RentalRepository>()

    private val rentalService = RentalService(userRepository, bookRepository, rentalRepository)

    @Test
    fun `endRental when book is rental then delete to rental`() {
        val userId = 100L
        val bookId = 1000L
        val user = User(userId, "test@test.com", "pass", "kotlin", RoleType.USER)
        val book = Book(bookId, "Kotlin入門", "コトリン太郎", LocalDate.now())
        val rental = Rental(bookId, userId, LocalDateTime.now(), LocalDateTime.MAX)
        val bookWithRental = BookWithRental(book, rental)

        whenever(userRepository.find(any() as Long)).thenReturn(user)
        whenever(bookRepository.findWithRental(any())).thenReturn(bookWithRental)

        rentalService.endRental(bookId, userId)

        verify(userRepository).find(userId)
        verify(bookRepository).findWithRental(bookId)
        verify(rentalRepository).endRental(bookId)
    }
}
```

前述のfindAll関数は引数がありませんでしたが、ここでモック化しているfind関数は引数があるため、wheneverでの指定でも引数を渡しています。wheneverで渡した引数で該当の関数が実行されたら、thenReturnの値を返すという定義になります。ここではany()という関数の結果を渡していますが、これは「すべての値」を扱うようにするmockito-kotlinの関数で、userRepositoryの例で言うと「どの値が渡されてもuserを返却する」という意味になります。as Longで型をキャストしているのは、find関数がLongを引数に取るものとStringを引数に取るものでオーバーロードされており、どちらか判別する必要があるためです。

リスト8.2.6のように渡される引数によって戻り値を変更することもできます（1を渡されたらuser1、2を渡されたらuser2を返却するという定義になります）。

リスト8.2.6

```
whenever(userRepository.find(1L)).thenReturn(user1)
whenever(userRepository.find(2L)).thenReturn(user2)
```

そして最後にverify関数を使用し、モック化した関数が想定どおりの引数を渡して実行されているかを検証しています。verify関数にモックオブジェクトを渡し、チェインして検証したい関数と想定する引数を書きます。例えばuserRepositoryでは、find関数が変数userIdの値（ここでは100）を渡して実行されているかを検証しています。もし処理に誤りがあり、違う値を渡して実行していた場合はテストが失敗します。

また、**リスト8.2.5**では省略していますが、timesという関数を使用して実行回数を指定することができます。例えば分岐のパターンによって実行されない場合などは、**リスト8.2.7**のように0を指定することで「呼び出されていないこと」の検証ができます。

リスト8.2.7

```
verify(rentalRepository, times(0)).endRental(bookId)
```

省略した場合はデフォルトで1が指定されるため、1回ずつしか呼び出されない想定の場合は書かなくても問題ありません。複数回呼び出される想定の場合は、2以上の値を指定することもできます。

例外スローの検証

異常系のテストとして、例外がスローされているかの確認が必要になります。RentalServiceTestクラスに、**リスト8.2.8**のimport文と、**リスト8.2.9**のテストケースを追加してください。

リスト8.2.8

```
import org.assertj.core.api.Assertions.assertThat
import org.junit.jupiter.api.Assertions
```

リスト8.2.9

```
@Test
fun `endRental when book is not rental then throw exception`() {
    val userId = 100L
```

```
        val bookId = 1000L
        val user = User(userId, "test@test.com", "pass", "kotlin", RoleType.USER)
        val book = Book(bookId, "Kotlin入門", "コトリン太郎", LocalDate.now())
        val bookWithRental = BookWithRental(book, null)

        whenever(userRepository.find(any() as Long)).thenReturn(user)
        whenever(bookRepository.findWithRental(any())).thenReturn(bookWithRental)

        val exception = Assertions.assertThrows(IllegalStateException::class.java) {
            rentalService.endRental(bookId, userId)
        }

        assertThat(exception.message).isEqualTo("未貸出の商品です bookId:${bookId}")

        verify(userRepository).find(userId)
        verify(bookRepository).findWithRental(bookId)
        verify(rentalRepository, times(0)).endRental(any())
    }
```

endRental関数はbookWithRentalのisRental関数がfalseを返した場合（findWithRental関数で取得したbookWithRentalのrentalがnullだった場合）、IllegalStateExceptionにメッセージを設定してスローするようになっています。その検証のため、findWithRentalでrentalがnullのbookWithRentalを返却するようモック化しています。

例外の検証はAssertions.assertThrowsという関数を使うことで実現できます。引数に想定される型の例外（ここではIllegalStateException）を渡し、後ろにラムダ式で例外をスローする処理を記述します。想定どおりにスローされた場合、スローした例外が戻り値として返却されます。もし想定と違う型の例外がスローされた場合や、正常に進み例外がスローされなかった場合はテストに失敗します。

そして返却された例外のメッセージ（プロパティmessageの値）も想定どおりの値か検証しています。また、このパターンで例外がスローされた場合は、rentalRepositoryの呼び出しはされなくなるため、最後に前述のtimesを使いverifyでその検証をしています。

MockMvcを使用してControllerのテスト

最後にControllerクラスのテストを実装します。Controllerは単純な関数の呼び出しではなく、MockMvcという機能を使うことでURLのパスを指定して実行します。src/test/kotlin配下にBookControllerクラスが配置されているパッケージと同様の構成のパッケージ（サンプルプロジェクトではcom.book.manager.presentation.controller）を作り、**リスト8.2.10**のBookControllerTestクラスを作成してください。

リスト8.2.10

```
import com.nhaarman.mockitokotlin2.mock
import com.nhaarman.mockitokotlin2.whenever
```

```
import org.springframework.test.web.servlet.request.MockMvcRequestBuilders.get
import org.springframework.test.web.servlet.result.MockMvcResultMatchers.status
import org.springframework.test.web.servlet.setup.MockMvcBuilders
import java.nio.charset.StandardCharsets
// 省略

internal class BookControllerTest {
    private val bookService = mock<BookService>()
    private val bookController = BookController(bookService)

    @Test
    fun `getList is success`() {
        val bookId = 100L
        val book = Book(bookId, "Kotlin入門", "コトリン太郎", LocalDate.now())
        val bookList = listOf(BookWithRental(book, null))

        whenever(bookService.getList()).thenReturn(bookList)

        val expectedResponse = GetBookListResponse(listOf(BookInfo(bookId, "Kotlin入門", "コトリン↗
太郎", false)))
        val expected = ObjectMapper().registerKotlinModule().writeValueAsString(expectedResponse)
        val mockMvc = MockMvcBuilders.standaloneSetup(bookController).build()
        val resultResponse = mockMvc.perform(get("/book/list")).andExpect(status().isOk).andReturn().↗
response
        val result = resultResponse.getContentAsString(StandardCharsets.UTF_8)

        Assertions.assertThat(expected).isEqualTo(result)
    }
}
```

BookServiceに関してはモック化して、固定の値を返すようにしています。

期待するレスポンスの値をJSONで定義

まず、想定されるレスポンスをJSONの文字列として定義します。GetBookListResponseクラスのインスタンスを生成し、Jacksonのライブラリに含まれるObjectMapperというクラスの関数を使用してJSON文字列へと変換しています。Jacksonはこれまでリクエストとレスポンスのシリアライズ、デシリアライズで内部的に使用されていましたが、このようにKotlinのオブジェクトをJSON文字列に変換する際にも使用できます。

そしてこの文字列を実行結果との検証に使用します。

MockMvcを使用してControllerの呼び出し

MockMvcを使用することで、アプリケーションを起動せずにHTTPアクセスでControllerへアクセスしているようなテストを実装することができます。まず、MockMvcBuilders.standaloneSetupを使用して対象のControllerのオブジェクト（ここではbookController）を設定します。

そして`mockMvc.perform(get("/book/list")).andExpect(status().isOk).andReturn().response`で、結果のレスポンスを取得しています。このチェインされたメソッドはそれぞれ以下の意味を表します。

- perform……HTTPメソッド（ここではGETメソッドを指定）、対象Controllerのパスの設定
- andExpect……期待されるHTTPステータスの設定
- andReturn……結果の返却
- response……結果からレスポンスのオブジェクトを取得

この例では、GETメソッドで/book/listのパスを実行し、正常終了（HTTPステータス200が返ってくる）することを期待し、返却された値のレスポンスオブジェクトを取得しています。ここでのレスポンスオブジェクトは、`MockHttpServletResponse`というMockMvcで定義されているクラスの型になります。そしてそのレスポンスのオブジェクトを`getContentAsString`関数でJSON文字列に変換し、前述の期待するレスポンスのJSON文字列と比較し、結果を検証します。

こちらも他のテストと同様IntelliJ IDEAから実行し、結果がグリーンになれば成功です。

第3部

Kotlinで色々なフレームワークを使ってみる

高速な通信フレームワーク gRPC

ここまでの章ではSpring BootやMyBatisといった、もともとJavaでメジャーなフレームワークとして使われていたものを、Kotlinに適用して基本的なWebアプリケーションを実装してきました。本章からはさらに一歩踏み込んで新しい技術スタックや、まだこれから発展していく段階のKotlin製のものなど、様々なフレームワークを組み合わせた使い方を紹介していきます。

まず本章では、マイクロサービスアーキテクチャのサービス間通信などでよく使用されている、gRPCを使った実装を紹介します。

1　gRPCとは？

gRPCは、Googleが開発しているRPC（Remote Procedure Call）フレームワークです[注1]。通信プロトコルとしてHTTP/2、通信のデータ形式としてProtocol Buffers[注2]を標準でサポートし、ハイパフォーマンスな通信を実現します。現在はマイクロサービスアーキテクチャでの、サービス間通信などでよく使用されています。

Protocol BuffersでgRPC通信に関するコードを生成できる

gRPCで使用するProtocol Buffersは、IDL（Interface Description Language、インターフェース定義言語）を使用して通信のインターフェースを定義し、それを元に通信で使用するデータモデルや、シリアライズ・デシリアライズなどの処理が実装されたコードを、様々なプログラミング言語で生成することができます。また、データの通信はバイナリで行われ、そのバイナリをやり取りするクライアント、サーバーの処理を、生成されたコードを使用して実装します。

IDLは.protoという拡張子で作成し、例としては**リスト9.1.1**のような記述になります。

リスト9.1.1

```
service Greeter {
  rpc Hello (HelloRequest) returns (HelloResponse);
}
```

注1　https://grpc.io/

注2　https://developers.google.com/protocol-buffers

```
message HelloRequest {
  string name = 1;
}

message HelloResponse {
  string text = 1;
}
```


serviceのブロックで記述しているのが通信のインターフェースで、何をリクエストとして受け取り、何をレスポンスとして返すかを定義しています。`rpc メソッド名（リクエストの型）returns レスポンスの型`という形式になっています。

このリクエスト、レスポンスの型の内容を定義しているのが、その下に続くmessageのブロックで書いてある部分です。ここではリクエストにはnameという文字列、レスポンスにはtextという文字列のパラメータがそれぞれ定義されています。

このファイル使用してKotlin、Java、Go、C#、Pythonなど多くの種類の言語のコードを生成することができます。コード生成にはprotocというツールを使用します。実際にコードを生成して実装する部分に関しては、後述します。

2 gRPCの導入

KotlinでgRPCを使用するには、grpc-kotlin[注3]というGoogleが提供するライブラリがあります。2020年の4月に最初のバージョンがリリースされ、同年12月にバージョン1.0.0がリリースされたかなり新しいものとなっています。

grpc-kotlinが作られる以前はJavaで対応されたgrpc-java[注4]を使用することが主要な方法だったので、もし新しいライブラリを導入するのが不安な場合などは、そちらを使う選択肢もあります。

なお、grpc-kotlinの利用方法に関してはGoogleの公式サイトにQuick start[注5]が用意されています。本書の内容もこちらを参考に作成しています。

プロジェクトの作成とbuild.gradle.ktsの書き換え

IntelliJ IDEAで任意のGradleプロジェクトを作成し、build.gradle.ktsを**リスト9.2.1**のように書き換えます。

注3　https://github.com/grpc/grpc-kotlin
注4　https://github.com/grpc/grpc-java
注5　https://grpc.io/docs/languages/kotlin/quickstart/

リスト9.2.1

```
import com.google.protobuf.gradle.generateProtoTasks
import com.google.protobuf.gradle.id
import com.google.protobuf.gradle.plugins
import com.google.protobuf.gradle.protobuf
import com.google.protobuf.gradle.protoc

plugins {
    kotlin("jvm") version "1.4.30"
    id("com.google.protobuf") version "0.8.15" ——①
    id("idea")
}

repositories {
    gradlePluginPortal()
    jcenter()
    google()
}

dependencies {
    implementation(kotlin("stdlib"))
    implementation("org.jetbrains.kotlinx:kotlinx-coroutines-core:1.4.2")

    implementation("io.grpc:grpc-kotlin-stub:1.0.0")   ┐ ②
    implementation("io.grpc:grpc-netty:1.35.0")        ┘

    compileOnly("javax.annotation:javax.annotation-api:1.3.2")
}

protobuf {                                                          ┐
    protoc { artifact = "com.google.protobuf:protoc:3.15.1" }       │
    plugins {                                                       │
        id("grpc") {                                                │
            artifact = "io.grpc:protoc-gen-grpc-java:1.36.0"        │
        }                                                           │
        id("grpckt") {                                              │
            artifact = "io.grpc:protoc-gen-grpc-kotlin:1.0.0:jdk7@jar"
        }                                                           │
    }                                                               ③
    generateProtoTasks {                                            │
        all().forEach {                                             │
            it.plugins {                                            │
                id("grpc")                                          │
                id("grpckt")                                        │
            }                                                       │
        }                                                           │
    }                                                               │
}                                                                   ┘
```

まず、①のpluginsブロックで追加している**リスト9.2.2**は、GradleでProtocol Buffersを扱うためのプラグインになります。

リスト9.2.2 (リスト9.2.1の①を抜粋)

```
id("com.google.protobuf") version "0.8.15"
```

後述するprotocを使用したコード生成を実行するタスクで使用します。

Kotlinでの実装時に必要な依存関係は、dependenciesブロックで追加している②の部分です(**リスト9.2.3**)。

リスト9.2.3 (リスト9.2.1の②を抜粋)

```
implementation("io.grpc:grpc-kotlin-stub:1.0.0")
implementation("io.grpc:grpc-netty:1.35.0")
```

それぞれ以下のような役割になります。

- grpc-kotlin-stub……gRPCでサーバーと通信するクライアント部分の実装をするKotlinのライブラリ
- grpc-netty……Nettyで、サーバーでgRPCアプリケーションを立ち上げるために必要なライブラリ

そして③のprotobufブロックで定義しているのが、protocでのコード生成を実行するGradleタスクになります(**リスト9.2.4**)。

リスト9.2.4 (リスト9.2.1の③を抜粋)

```
protobuf {
    protoc { artifact = "com.google.protobuf:protoc:3.15.1" }
    plugins {
        id("grpc") {
            artifact = "io.grpc:protoc-gen-grpc-java:1.36.0"
        }
        id("grpckt") {
            artifact = "io.grpc:protoc-gen-grpc-kotlin:1.0.0:jdk7@jar"
        }
    }
    generateProtoTasks {
        all().forEach {
            it.plugins {
                id("grpc")
                id("grpckt")
            }
        }
    }
}
```

protocのブロックでは使用するprotocのパッケージ、バージョンを指定しています。

pluginsで指定しているのは、protocでのコード生成時に使用するプラグインです。grpc、grpckt（名前は任意）というidのブロックでそれぞれJava、KotlinでgRPCに関するコードを生成するためのプラグインを指定しています。

少しややこしいのですが、Protocol BuffersはgRPC独自の機能ではなく、あくまでもデータのフォーマットです。そしてgRPCは「Protocol Buffersを使用するRPCフレームワーク」です。前述したデータモデルや、バイナリで通信したデータのシリアライズ、デシリアライズの処理などはデフォルトでも生成されます。しかしそれを「gRPCで使用するためのコード」は、プラグインを入れないと生成されません（詳しくは後述します）。

Javaに関するプラグインも設定しているのは、Kotlinで生成したコードにJavaで生成したコードへ依存している部分があるためです。そのためKotlinのコードだけを生成しても使うことができません。

generateProtoTasksが実際にコード生成を実行するタスクです。pluginsで定義したgrpc、grpcktのidを呼び出して実行するよう指定しています。

Protocol Buffersの実装の大元となるprotoファイル

本章の冒頭でも説明しましたが、gRPCではProtocol BuffersをIDLとして使用します。このIDLでのインターフェースの定義は、.protoという拡張子のファイルで作成します（以降、protoファイルと呼びます）。src/main配下にprotoというディレクトリを作り、その下にgreeter.protoという名前で**リスト9.2.5**の内容のファイルを作成します。

リスト9.2.5

```
syntax = "proto3"; ──①

package example.greeter; ──②

option java_multiple_files = true; ──③

service Greeter {                                              ┐
  rpc Hello (HelloRequest) returns (HelloResponse);            │④
}                                                              ┘

message HelloRequest {   ┐
  string name = 1;       │
}                        │
                         │⑤
message HelloResponse {  │
  string text = 1;       │
}                        ┘
```

それぞれの箇所について、以下で説明していきます。

syntax

リスト9.2.5の①の部分です。syntaxで指定しているのは、Protocol Buffersのバージョンです。ここでは3系を指定していますが、何も記述しないとデフォルトでは2系と判断され、この構文ではエラーになってしまいます。

package

リスト9.2.5の②の部分です。packageで指定しているのは、生成されるファイルのクラスが配置されるパッケージです。出力される言語（本書ではJava、Kotlin）のパッケージとしてそのまま使用されます。

option

リスト9.2.5の③の部分です。optionではProtocol Buffersに関する様々なオプションが設定でき、ここではjava_multiple_filesという項目を指定しています。これはJavaもしくはKotlinのコードを生成する際、一部のファイルを分割して出力するかどうかを指定するオプションになります。trueを指定した場合、後述するmessageの内容を元に作成されるクラスが、別ファイルで出力されます（次項の出力されるファイルの説明のところで別途解説します）。

また本書では説明を省きますが、optionでは他にも指定できる項目が様々あるので、興味のある方は公式サイト[注6]のほうもご覧ください。

service

リスト9.2.5の④の部分です。通信の受け口となるインターフェースを定義します。第4章で解説したSpring BootでのREST APIでいう、Controllerのような部分です。メソッド名とともに、受け取るリクエスト、返却するレスポンスの型を記述します。ここでは「Greeter」という名前で定義し、リクエスト、レスポンスにそれぞれ後述のmessageで定義した型を指定しています。

message

リスト9.2.5の⑤の部分です。通信時のデータのやり取りで使用するデータの定義になります。通常のREST通信でもよくあるリクエスト、レスポンスのインターフェース、またその中でプロパティとして使用するフィールドなどが定義できます。このサンプルではシンプルに、リクエストのオブジェクト（HelloRequest）に「name」、レスポンスのオブジェクト（HelloResponse）に「text」をいずれもstring型で定義しているだけになります。

フィールド名の後ろに「= 1」と書いていますが、protoファイルにはフィールドの順序を指定する必要があり、その数値になります。今回は1つずつしかないためいずれも「1」が指定されていますが、2つ以上存在する場合は**リスト9.2.6**のように連番で数値を指定します。

注6　https://developers.google.com/protocol-buffers/docs/proto3#options

リスト9.2.6

```
message HelloRequest {
  string first_name = 1;
  string last_name = 2;
}
```

ここではstring型しか使用していませんが、各言語で使う基本的な型に対応するものは一通りProtocol Buffersでも用意されています。詳しくは公式サイト注7をご覧ください。

Protocol Buffersによるコード生成

作成したGradleタスクを使用して、コードを生成します。プロジェクトのルートディレクトリで**コマンド9.2.7**のコマンドを実行、もしくはIntelliJ IDEAのGradleビューから[Tasks]→[other]→[generateProto]を実行してください。

コマンド9.2.7

```
$ ./gradlew generateProto
```

build/generated/source/proto/main配下にgprc、grpckt、javaというディレクトリと、以下のようなファイルが作成されます。

- grpc配下（Javaファイル）
  - GreeterGrpc
- grpckt配下（Kotlinファイル）
  - GreeterOuterClassGrpcKt
- java配下（Javaファイル）
  - GreeterOuterClass
  - HelloRequest
  - HelloRequestOrBuilder
  - HelloResponse
  - HelloResponseOrBuilder

java配下にあるのが、Protocol Buffersがデフォルトで生成するコードになります。HelloRequest、HelloRequestOrBuilderとHelloResponse、HelloResponseOrBuilderはそれぞれリクエストとレスポンスのデータモデルとそのビルダーです。そしてGreeterOuterClassに、やり取りするバイナリデータのシリ

注7 https://developers.google.com/protocol-buffers/docs/proto3#scalar

アライズ、デシリアライズをする処理などが実装されています。

grpcとgrpcktの配下にあるのが、前述のProtocol Buffersを「gRPCで使用するためのコード」になります。GreeterGrpcはGreeterOuterClassのメソッドなどを使用し、Protocol Buffersのバイナリデータでのg RPC通信を実現するためのインターフェースを提供します。GreeterGrpcKtは、GreeterGrpcを使用しKotlinで実装するためのインターフェースを提供します。Gradleタスクで前述のgRPCに関するプラグインを指定していない場合は、この2つは生成されません。

gRPCサーバーの実装

生成したコードを使用して、gRPCのサーバーを実装します。src/main/kotlin配下に**リスト9.2.8**のクラスを作成してください。

リスト9.2.8

```
class GreeterService : GreeterGrpcKt.GreeterCoroutineImplBase() {
    override suspend fun hello(request: HelloRequest) = HelloResponse.newBuilder()
        .setText("Hello ${request.name}")
        .build()
}
```

Protocol Buffersから生成したGreeterGrpcKtの、`GreeterCoroutineImplBase`というクラスを継承しています。この`GreeterCoroutineImplBase`と、オーバーライドしている`hello`関数が、**リスト9.2.5**のprotoファイルで定義した`Service`とメソッド（**リスト9.2.9**）に基づいて生成されているコードです。

リスト9.2.9（リスト9.2.5の④を抜粋）

```
service Greeter {
  rpc Hello (HelloRequest) returns (HelloResponse);
}
```

リスト9.2.8の`hello`関数は引数の型でリクエストを受け取ることができ、戻り値の型のオブジェクトを返すロジックを記述することでgRPC通信での処理を実装できます。Spring Bootのアプリケーションで言うControllerクラスのような立ち位置になります。

そして任意の名前のファイル（ここではGreeterServer.ktとします）を作成し、**リスト9.2.10**の処理を実装します。

リスト9.2.10

```
private const val PORT = 50051

fun main() {
    val server = ServerBuilder
```

```
            .forPort(PORT)
            .addService(GreeterService())
            .build()

    server.start()
    println("Started. port:$PORT")

    server.awaitTermination()
}
```

ServerBuilderというクラスを使用し、gRPCサーバーのオブジェクトを生成して起動します。forPortで、起動で使用するポートを指定し、addServiceで前述のGreeterServiceを起動対象のServiceとして設定しています。

startメソッドでサーバーが起動し、awaitTerminationメソッドを呼び出すことで、アプリケーションを停止するまでサーバーがリクエストを受け付ける状態になります。

gRPCクライアントの実装

gRPCは通常のHTTP通信と異なるため、curlコマンドやブラウザからURLを指定してのアクセスはできません。プログラムからも各種RESTのクライアントライブラリでURLを指定しての実行などもできません。Protocol Buffersで生成したコードを呼び出して、クライアントを作る必要があります。

こちらも任意の名前のファイル（ここではGreeterClient.ktとします）を作成し、**リスト9.2.11**の処理を実装します。

リスト9.2.11

```
private const val HOST = "localhost"
private const val PORT = 50051

fun main() = runBlocking {
    val channel = ManagedChannelBuilder.forAddress(HOST, PORT)
        .usePlaintext()
        .build()

    try {
        val stub = GreeterGrpcKt.GreeterCoroutineStub(channel)

        val name = "Kotlin"
        val request = HelloRequest.newBuilder().setName(name).build()
        val response = async { stub.hello(request) }

        println("Response Text: ${response.await().text}")
    } finally {
        channel.shutdown().awaitTermination(5, TimeUnit.SECONDS)
    }
}
```

コードの内容について以下で説明していきます。

Channelで通信の確立

gRPCでの通信にはChannelというクラスのオブジェクトを使い、通信の確立をします。これはコネクションのようなものだと思ってもらえれば大丈夫です。

ManagedChannelBuilderはChannelを生成するためのBuilderで、ここではforAddressメソッドを使用して接続先のホスト、ポートを指定しています。チェインしているusePlaintextメソッドは、SSL（Secure Socket Layer）を無効化しています。実際のプロダクトの環境などでSSLが必要な場合は、このメソッドのチェインを削除すれば有効になります。

StubでgRPCのServiceを実行

そして、生成されたコードの中に含まれるGreeterCoroutineStubが、サーバーへリクエストを送るためのクライアントのクラスになります。Coroutineと名前に入っているように、内部でKotlin Coroutinesを使用し非同期での通信を可能とします。

パラメータには、こちらも生成されたコードのHelloRequestを使用します。**リスト9.2.5**のprotoファイルでmessageとして定義していた部分に当たるクラスです。こちらもBuilderが用意されているため、必要なパラメータを設定してbuildしています。

ここで実行しているStubのhello関数は、前述のサーバーで実装していたGreeterServiceのhello関数を呼び出すものになります。gRPCはこのようにprotoファイルを元にクライアントがStub、サーバーがServiceにそれぞれ送受信の関数が生成されるようになっています。

asyncを使用して非同期での実行

helloはsuspend関数として定義されているため、suspend関数かコルーチンスコープ内で呼び出す必要があります。ここではrunBlocking内で定義し、asyncを使用して非同期で実行しています。

動作確認

まずはサーバーを起動します。IntelliJ IDEAで**リスト9.2.10**で実装したサーバープログラムのファイル（ここではGreeterServer.kt）を開き、main関数を実行します。Runビューに**リスト9.2.12**のようなメッセージが出力されれば起動しています。

リスト9.2.12

```
Started. port:50051
```

そしてクライアントプログラムを実行します。こちらもIntelliJ IDEAから**リスト9.2.11**で実装したクライアントプログラムのファイル（ここではGreeterClient.kt）を開き、main関数を実行します。

リスト9.2.13のテキストが結果としてRunビューに表示されれば成功です。

リスト9.2.13

```
Response Text: Hello Kotlin
```

プログラム内からリクエストで渡した、文字列を含んだメッセージが表示されています。クライアントプログラムからサーバーへgRPCでアクセスし、`GreeterService`の実行結果を受け取って出力されています。

3 Spring BootでgRPCのKotlinサーバーサイドプログラムを実装

第2節のサンプルでは`grpc-kotlin`のライブラリをそのまま使用してサーバー、クライアントのプログラムを実装しましたが、今度はSpring Bootと組み合わせた形での実装を紹介します。Spring BootでのgRPCの使用は、`grpc-spring-boot-starter`を使うことで簡単に実装することができます。

Spring Bootアプリケーション内にサーバー、クライアントを両方実装する

この項で紹介するサンプルでは、次の2つが入ったアプリケーションを作成します。

- gRPCのサーバー
- gRPCのサーバーへアクセスした結果を返すREST API (gRPCのクライアント)

後述しますが、Spring Bootは`grpc-spring-boot-starter`を使うことで、gRPCと通常のHTTP通信をそれぞれ別のポートとしてListenすることができます。そのためREST APIへアクセスし、そこからgRPCサーバーへの通信が行われ、受け取った結果を返却する形のサンプルになります (**図9.1**)。

図9.1

プロジェクトの作成とbuild.gradle.ktsの書き換え

Spring Initializrなどを使用して任意のSpring Bootのプロジェクトを作成してください。そしてbuild.gradle.ktsを**リスト9.3.1**のように書き換えてください。

リスト9.3.1

```
import org.jetbrains.kotlin.gradle.tasks.KotlinCompile
import com.google.protobuf.gradle.generateProtoTasks
import com.google.protobuf.gradle.id
import com.google.protobuf.gradle.plugins
import com.google.protobuf.gradle.protobuf
import com.google.protobuf.gradle.protoc

plugins {
    kotlin("jvm") version "1.4.30"
    kotlin("plugin.spring") version "1.4.30"
    id("org.springframework.boot") version "2.4.3"
    id("io.spring.dependency-management") version "1.0.11.RELEASE"
    id("com.google.protobuf") version "0.8.15"
    id("idea")
}

group = "com.example.grpc.kotlin"
version = "0.0.1-SNAPSHOT"
java.sourceCompatibility = JavaVersion.VERSION_11

repositories {
    mavenCentral()
}

dependencies {
    implementation("org.springframework.boot:spring-boot-starter-web")
    implementation("com.fasterxml.jackson.module:jackson-module-kotlin")
    implementation("org.jetbrains.kotlin:kotlin-reflect")
    implementation("org.jetbrains.kotlin:kotlin-stdlib-jdk8")
    implementation("io.grpc:grpc-kotlin-stub:1.0.0")
    implementation("io.grpc:grpc-netty:1.35.0")
    implementation("org.jetbrains.kotlinx:kotlinx-coroutines-core:1.4.2")
    implementation("org.jetbrains.kotlinx:kotlinx-coroutines-reactor:1.4.2")
    implementation("io.github.lognet:grpc-spring-boot-starter:4.4.4") ――①
    testImplementation("org.springframework.boot:spring-boot-starter-test")
}

tasks.withType<KotlinCompile> {
    kotlinOptions {
        freeCompilerArgs = listOf("-Xjsr305=strict")
        jvmTarget = "11"
    }
}
```

```
protobuf {
    protoc {
        artifact = "com.google.protobuf:protoc:3.15.1"
    }
    plugins {
        id("grpc") {
            artifact = "io.grpc:protoc-gen-grpc-java:1.36.0"
        }
        id("grpckt") {
            artifact = "io.grpc:protoc-gen-grpc-kotlin:1.0.0:jdk7@jar"
        }
    }
    generateProtoTasks {
        all().forEach {
            it.plugins {
                id("grpc")
                id("grpckt")
            }
        }
    }
}
```

これまで作成してきたSpring Bootのプロジェクトに対して、grpc-kotlinの依存関係を追加したような形になります。違う点として、grpc-spring-boot-starterの依存関係を追加しています（**リスト9.3.2**）。

リスト9.3.2（リスト9.3.1の①を抜粋）

```
implementation("io.github.lognet:grpc-spring-boot-starter:4.4.4")
```

これにはSpring BootでgRPCを使うための様々なライブラリが含まれており、後述する@GRpcServiceアノテーションなど、gRPCでのサーバー実装を簡単にするための仕組みを提供しています。

Protocol Buffersでのコード生成

protoファイルを作成し、コードを生成します。第2節で解説したもの（**リスト9.2.5**）と同じファイルを使用します（**リスト9.3.3**）。こちらもsrc/main配下にprotoディレクトリをつくり、その下にprotoファイルを作成してください。

リスト9.3.3（リスト9.2.5再掲）

```
syntax = "proto3";

package example.greeter;

option java_multiple_files = true;
```

```
service Greeter {
  rpc Hello (HelloRequest) returns (HelloResponse);
}

message HelloRequest {
  string name = 1;
}

message HelloResponse {
  string text = 1;
}
```

そしてターミナルからコマンド（**コマンド9.3.4**）、もしくはIntelliJ IDEAのGradleビューからgenerateProtoタスクを実行します。

コマンド9.3.4

```
$ ./gradlew generateProto
```

サーバープログラムの実装

サーバープログラムの実装には、第2節同様こちらでも生成したServiceクラスを使用します。**リスト9.3.5**のように実装します。

リスト9.3.5

```
@GRpcService
class GreeterService : GreeterGrpcKt.GreeterCoroutineImplBase() {
    override suspend fun hello(request: HelloRequest) = HelloResponse.newBuilder()
        .setText("Hello ${request.name}")
        .build()
}
```

第2節のサンプルと同様GreeterGrpcKtのGreeterCoroutineImplBaseを継承して実装していますが、grpc-spring-boot-starterを使う場合はこのクラスだけで実装完了です。@GRpcServiceのアノテーションを付けることで、Spring Bootアプリケーションの起動時にgRPCのServiceとして読み込まれ、リクエストを受け付けた状態になります。第2節の**リスト9.2.10**で実装していた部分をSpring Bootが吸収してくれています。

クライアントプログラムの実装

クライアントプログラムは、通常のREST APIのControllerとして実装します。**リスト9.3.6**のようになります。

リスト9.3.6

```
private const val HOST = "localhost"
private const val PORT = 6565

@RestController
class GreeterClientController {
    @GetMapping("/greeter/hello/{name}")
    fun hello(@PathVariable name: String): String = runBlocking {
        val channel = ManagedChannelBuilder.forAddress(HOST, PORT)
            .usePlaintext()
            .build()

        val request = HelloRequest.newBuilder().setName(name).build()
        val stub = GreeterGrpcKt.GreeterCoroutineStub(channel)

        val response = async { stub.hello(request) }
        response.await().text
    }
}
```

Channelの生成からStubの実行まで、第2節で解説したものと同様です。リクエストにパスパラメータで受け取った値を設定し、実行した結果をレスポンスとしてそのまま返却しています。

動作確認

アプリケーションを起動します。こちらも通常のSpring Bootアプリケーションと同様、ターミナルかIntelliJ IDEAからbootRunタスクを実行します。起動時に**リスト9.3.7**のようなログが出力されます。

リスト9.3.7

```
INFO 60711 --- [           main] o.s.b.w.embedded.tomcat.TomcatWebServer  : Tomcat initialized with ↵
port(s): 8080 (http)

（省略）

INFO 60711 --- [           main] o.l.springboot.grpc.GRpcServerRunner     : Starting gRPC Server ...
INFO 60711 --- [           main] o.l.springboot.grpc.GRpcServerRunner     : 'com.example.grpc.↵
springboot.server.GreeterService' service has been registered.
INFO 60711 --- [           main] o.l.springboot.grpc.GRpcServerRunner     : gRPC Server started, ↵
listening on port 6565.
```

8080ポートでTomcatが起動した後に、gRPCサーバーが6565ポートで起動しています。これでControllerで実装していた通常のHTTPリクエストは8080ポート、gRPCのサーバーに対してのリクエストは6565ポートで受け付けます。

そして**コマンド9.3.8**の`curl`コマンドでlocalhost:8080に対してリクエストを送信すると、クライアントプログラムが実行されます。

コマンド9.3.8

```
$ curl http://localhost:8080/greeter/hello/Kotlin
Hello Kotlin
```

パスパラメータで渡した値を含んだメッセージが返ってくれば成功です。

第10章 Kotlin製のWebフレームワークKtor

本章ではKotlin製のWebアプリケーションフレームワークである、Ktorを紹介します。Ktorはまだまだ採用事例の数は多くないですが、言語の開発元であるJetBrains社が開発しているKotlin製のフレームワークということもあり、サーバーサイド開発の技術選定の新たな選択肢として注目されています。実際に導入しているプロダクトも徐々に増えてきており、サーバーサイドKotlinをやる上ではぜひ知っておいていただきたい内容になります。

1 Ktorとは？

Ktorは、2018年11月に正式版であるVer1.0がリリースされた、Webアプリケーションフレームワークとなります。現状サーバーサイドKotlinの開発ではSpring Bootがフレームワークのベターな選択肢とされることが多いですが、新たな選択肢として期待できます。言語の開発元であるJetBrains社が開発していて、なおかつSpring Bootと違いKotlin製ということもあり、技術選定で名前が挙げられることも最近は多いです。

Spring Bootはかなり重厚で複雑なフレームワークになっており、ずっとJavaで使ってきた人には便利なのですが、初心者にはとっつきにくい面もあります。それに比べてKtorは軽量で扱いやすくなっており、アプリケーションの起動時間などの面でも有利に働きます。それでいて下記のようなWeb開発において必要な様々な機能（抜粋）を提供しています。

- 認証、認可
- HTTPクライアント
- WebSockets
- 非同期通信
- ロギング
- テンプレート

特に非同期処理を特徴としていて、フレームワーク内でもKotlin Coroutinesが多く使われています。

非同期通信を実行するHTTPクライアントも用意されています。詳しくはKtorの公式ページ[注1]をご覧ください。

2 Ktorの導入

Ktorでプロジェクトの作成、基本的なプログラムの実装をします。

Ktorプロジェクトの作成

まず、IntelliJ IDEAにKtorプラグインをインストールします。環境設定からPluginsを選択して、Marketplaceタブで「Ktor」と検索し、表示されたKtorプラグインをインストールします（**図10.1**）。

図10.1

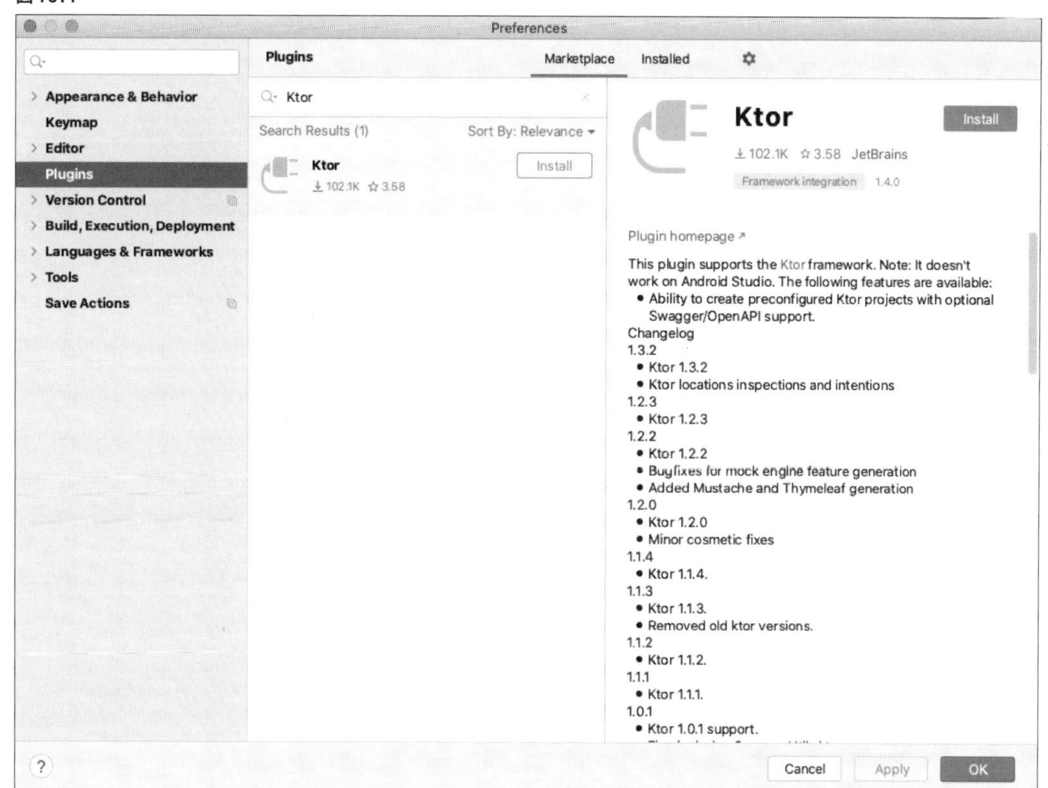

注1　https://ktor.io/

IntelliJ IDEAを再起動し、[File]→[New]→[Project...]を選択します。プロジェクトの種類として「Ktor」が選択できるようになっています。プロジェクトの初期設定として、以下の項目が設定できるようになっています。

- プロジェクト名
- プロジェクトの種別(ビルドツールの種別)
- アプリケーションサーバー
- Ktorのバージョン
- 必要なフィーチャー(後述)

このサンプルでは**図10.2**の設定で作成したプロジェクトを使用します。

図10.2

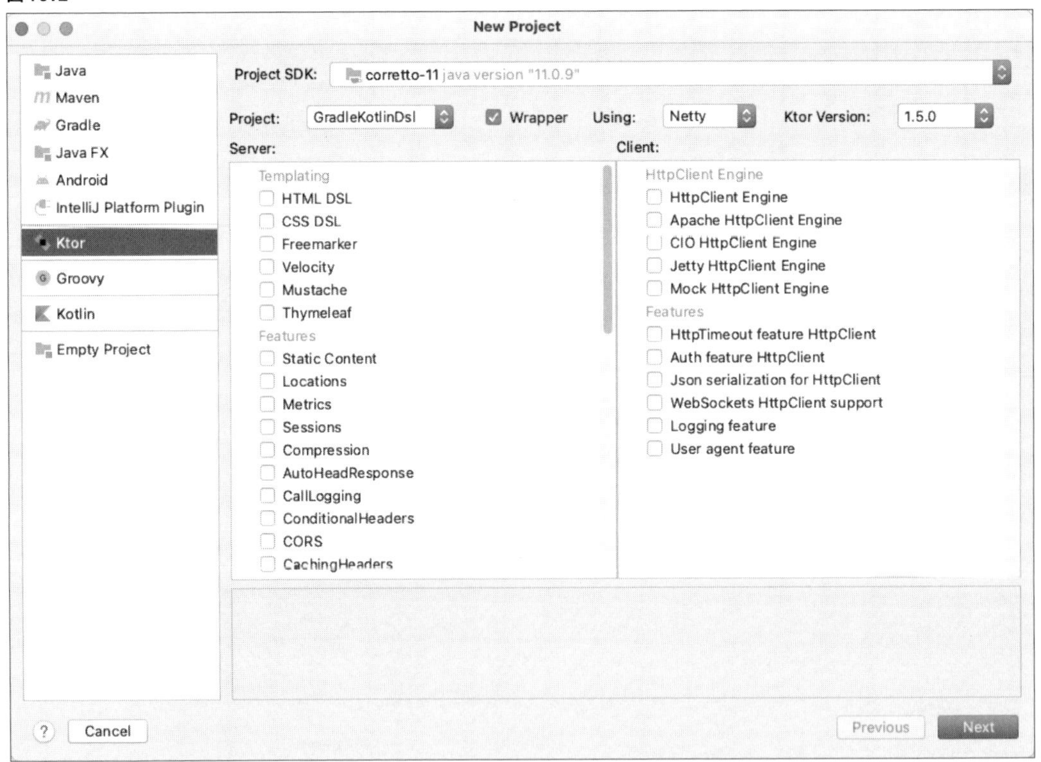

ProjectはGradleのKotlin DSLを使用し、アプリケーションサーバーとしてNettyを選択しています。Ktorは前述のとおり非同期処理を特徴としていることもあり、同じく非同期通信を行うアプリケーションのフレームワークであるNettyを使うことが多いです。

あとは**図10.3**、**図10.4**のように任意のプロジェクト名などを入力し、完了してください（ここではProject Nameを「example」とし、その他の項目はデフォルトで入力されている値をそのまま使用しています）。

図10.3

図10.4

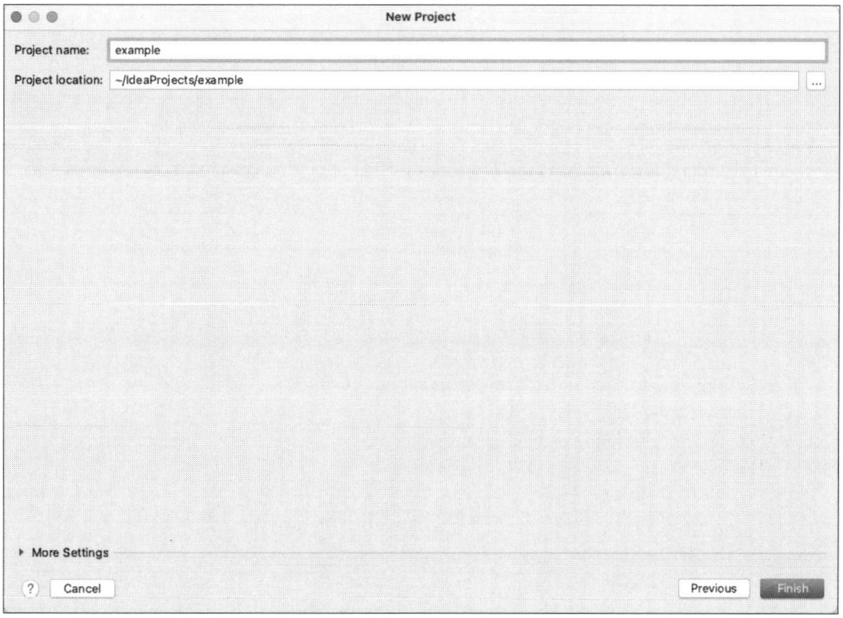

Ktorの機能追加ができる「フィーチャー」

図10.2の画面下にあるServer、Clientと分かれて用意されている選択肢は、Ktorの「フィーチャー」というものになります。Ktorはデフォルトではwebアプリケーションとして最低限の機能しか入っておらず、このフィーチャーを追加していくことで、様々な機能を使うことができます。

例えば認証、テンプレートエンジン、HTTPクライアント、ロギングといったものです。本章でも、後半でいくつかのフィーチャーを使用した実装を紹介します。このようにプロジェクトによって必要な機能だけを追加して使用できることも、軽量なフレームワークとなっている理由の一つです。

プロジェクトの初期状態を確認

プロジェクトの初期状態では、build.gradle.ktsに**リスト10.2.1**のような記述がされています。

リスト10.2.1

```
import org.jetbrains.kotlin.gradle.dsl.Coroutines
import org.jetbrains.kotlin.gradle.tasks.KotlinCompile

val ktor_version: String by project
val kotlin_version: String by project
val logback_version: String by project

plugins {
    application
    kotlin("jvm") version "1.4.30"
}

group = "com.example"
version = "0.0.1"

application {
    mainClassName = "io.ktor.server.netty.EngineMain"
}

repositories {
    mavenLocal()
    jcenter()
}

dependencies {
    implementation("org.jetbrains.kotlin:kotlin-stdlib-jdk8:$kotlin_version")
    implementation("io.ktor:ktor-server-netty:$ktor_version")
    implementation("ch.qos.logback:logback-classic:$logback_version")
    testImplementation("io.ktor:ktor-server-tests:$ktor_version")
}

kotlin.sourceSets["main"].kotlin.srcDirs("src")
kotlin.sourceSets["test"].kotlin.srcDirs("test")
```

```
sourceSets["main"].resources.srcDirs("resources")
sourceSets["test"].resources.srcDirs("testresources")
```

NettyでKtorアプリケーションを実行するktor-server-nettyなどが依存関係として追加されています。そしてsrc配下にあるApplication.kt（**リスト10.2.2**）が、アプリケーションの起動プログラムになります。

リスト10.2.2

```
fun main(args: Array<String>): Unit = io.ktor.server.netty.EngineMain.main(args)

@Suppress("unused") // Referenced in application.conf
@kotlin.jvm.JvmOverloads
fun Application.module(testing: Boolean = false) {
}
```

main関数を実行することでKtorアプリケーションが起動します。成功すると**リスト10.2.3**のように、8080ポートで応答を受け付けている旨のログが出力されます。

リスト10.2.3

```
[main] INFO  Application - Responding at http://0.0.0.0:8080
```

ルーティングの追加

Spring Bootのアプリケーションと同様、起動しただけではまだアクセスできるパスがないため、なにもすることができません。ルーティングの追加をして、動作確認をしていきます。

Application.ktを**リスト10.2.4**のように書き換えてください。

リスト10.2.4

```
fun main(args: Array<String>): Unit = io.ktor.server.netty.EngineMain.main(args)

@Suppress("unused") // Referenced in application.conf
@kotlin.jvm.JvmOverloads
fun Application.module(testing: Boolean = false) {
    routing {
        get("/") {
            call.respondText("Hello Ktor!")
        }
    }
}
```

routingはApplicationクラスの拡張関数で、このブロック内でルーティングを定義することができます。ここではgetを使い、GETメソッドでルートパスで受け付ける処理を定義しています。call.respondTextは、文字列をレスポンスとして返却する処理になります。

ターミナルから**コマンド10.2.5**のcurlコマンドを実行、もしくはブラウザからhttp://localhost:8080にアクセスして「Hello Ktor!」が表示されれば成功です。

コマンド10.2.5

```
$ curl http://localhost:8080
Hello Ktor!
```

リクエストパラメータの追加

次に、GETリクエストにパラメータを追加します。

パスパラメータ

パスパラメータは、**リスト10.2.6**のように記述します。**リスト10.2.4**のApplication.ktのroutingブロックに追加してください。

リスト10.2.6

```
get("/hello/{name}") {
    val name = call.parameters["name"]
    call.respondText("Hello $name!")
}
```

パスの文字列の中に{}で括った名前で定義し、call.parametersにその名前を指定することで値を取得できます。

curlコマンド(**コマンド10.2.7**)かブラウザで「http://localhost:8080/hello/名前」とパラメータを与えてアクセスすると、渡した値の入ったメッセージが返却されます。

コマンド10.2.7

```
$ curl http://localhost:8080/hello/Takehata
Hello Takehata!
```

クエリストリング

クエリストリングは、**リスト10.2.8**のように実装します。

リスト10.2.8

```
get("/hello") {
    val name = call.parameters["name"]
    call.respondText("Hello $name!")
}
```

受け取り方はパスパラメータと同様で、call.parametersを使用します。指定している名前でクエリストリングを付与してリクエストすれば、値を取得できます。

こちらもcurlコマンド（**コマンド10.2.9**）、もしくはブラウザから「http://localhost:8080/hello?name=名前」とクエリストリングを与えてリクエストすると、渡した値の入ったメッセージが返却されます。

コマンド10.2.9

```
$ curl http://localhost:8080/hello?name=Takehata
Hello Takehata!
```

ルーティング定義の切り出し

前述の例ではroutingのブロック内に定義を追加していましたが、別の場所にまとめて切り出すことも可能です。任意のファイルを作成し、**リスト10.2.10**のように定義します（Application.ktのファイル内にトップレベルで定義しても問題ありません）。

リスト10.2.10

```
fun Routing.greetingRoute() {
    get("/") {
        call.respondText("Hello Ktor!")
    }
}
```

Routingクラスの拡張関数としてgreetingRoute関数（名前は任意）を作成し、その中にルーティングを定義します。そしてApplication.ktからは**リスト10.2.11**のように呼び出します。

リスト10.2.11（Application.ktの一部を抜粋）

```
@Suppress("unused")
@kotlin.jvm.JvmOverloads
fun Application.module(testing: Boolean = false) {
    routing {
        greetingRoute()

        // 省略
```

routingは**リスト10.2.12**のように定義されていて、Routingクラスの拡張関数を引数に取るようになっています。ここまで使用してきたget関数も、Routingの親クラスであるRouteクラスの拡張関数です。

リスト10.2.12

```
@ContextDsl
public fun Application.routing(configuration: Routing.() -> Unit): Routing =
    featureOrNull(Routing)?.apply(configuration) ?: install(Routing, configuration)
```

そのためRoutingの拡張関数として定義したgreetingRouteも、呼び出すことができます。

このように実装することで、機能の分類ごとなどでルーティングをまとめて定義できます。

パスの共通化

同一のパス配下に複数のパスを定義する場合などに、共通化もできます。**リスト10.2.13**のように実装します。

リスト10.2.13

```
fun Routing.greetingRoute() {
    route("greeting") {
        get("/hello") {
            call.respondText("Hello!")
        }

        get("/goodmorning") {
            call.respondText("Good morning!")
        }
    }
}
```

route関数にパスを定義し、その配下に各パスを指定します。ここでは「greeting」の下に「hello」と「goodmorning」を定義しているので、次の2つのパスでルーティングが実装されます。

- /greeting/hello
- /greeting/goodmorning

Locationを使用して型安全なパラメータ取得

ここまでcall.parametersでリクエストのパラメータの値を取得していましたが、String?型として取得されるため、文字列以外の値の場合はキャストして型を変換する必要があります。また、nullが入ってくる可能性も防げません。そこで、Locationを使うことで型安全にパラメータの取得をすることができます。

Locationのフィーチャーを追加

Locationを使うには、本章の「2.Ktorの導入」で紹介していた「フィーチャー」の追加が必要です。フィーチャーの追加手順は、まずbuild.gradle.ktsに依存関係を追加します。dependenciesに**リスト10.2.14**を追加してください。

リスト10.2.14

```
implementation("io.ktor:ktor-locations:$ktor_version")
```

次に、Application.ktのApplication.moduleに**リスト10.2.15**のように、install関数の実行を追加してください。

リスト10.2.15

```
@Suppress("unused")
@kotlin.jvm.JvmOverloads
fun Application.module(testing: Boolean = false) {
    install(Locations)

// 省略
```

フィーチャーは基本的にはbuild.gradle.ktsに依存関係を追加した上で、このinstall関数での呼び出しを実装することで使えるようになります。

ルーティングとパラメータの定義

それではLocationでルーティングとパラメータを定義します。**リスト10.2.16**のように実装します。データクラスの部分も含め、任意のファイルを作成もしくはApplication.ktのトップレベルに書く形で問題ありません。

リスト10.2.16

```
@Location("/user/{id}")
data class GetUserLocation(val id: Long)

fun Routing.userRoute() {
    get<GetUserLocation> { param ->
        val id = param.id
        call.respondText("id=$id")
    }
}
```

まずパラメータの定義には、データクラスを使用します。パラメータ名を変数名とし、想定する型でコンストラクタに定義します（ここではLong型のidというパラメータ）。そしてパラメータのデータクラスに対して、@Locationというアノテーションを付与し、ルーティングのパスを記述します。パスパラメータとしてidを渡していますが、書き方はrouting内で定義する際と同様に{}で括ります。

そして下にあるuserRouteの中で定義しているget関数に、パラメータを定義したデータクラスを型パラメータとして渡し、ラムダ式の中で変数paramとして受け取り値を取得します。もし数値以外の値が渡された場合は、リクエストを受け付けた時点でエラーになり、この処理で扱う際にはLong型の値であることが保証されています。

このようにLocationを使用して定義することで、型安全にリクエストパラメータを扱うことができます。

パスの共通化

Locationを使用する場合も、パスを共通化することができます。**リスト10.2.17**のように、クラスをネストして定義します。

リスト10.2.17

```
@Location("/user")
class UserLocation {
    @Location("/{id}")
    data class GetLocation(val id: Long)

    @Location("/detail/{id}")
    data class GetDetailLocation(val id: Long)
}
```

呼び出し側からも、**リスト10.2.18**のように**親階層のクラス.子階層のクラス**の形式で型パラメータを設定することで使用できます。

リスト10.2.18

```
get<UserLocation.GetLocation> { param ->
    val id = param.id
    call.respondText("get id=$id")
}

get<UserLocation.GetDetailLocation> { param ->
    val id = param.id
    call.respondText("getDetail id=$id")
}
```

3 REST APIの実装

続いてREST APIの実装をして、JSONでのリクエスト、レスポンスのやり取りをする方法を紹介します。

Jacksonのフィーチャーを追加

リクエストとレスポンスのJSONのシリアライズ、デシリアライズにはJackson[注2]を使用します。KtorにはJacksonのフィーチャーも用意されているため、追加します。

build.gradle.ktsの`dependencies`に**リスト10.3.1**の依存関係を追加します。

リスト10.3.1

```
implementation("io.ktor:ktor-jackson:$ktor_version")
```

そしてApplication.ktの`Application.module`に**リスト10.3.2**の`install`を追加します。

リスト10.3.2

```
install(ContentNegotiation) {
    jackson()
}
```

`ContentNegotiation`は、JSONなどContentsを扱うためのフィーチャーを使用するためのクラスです。`install`ブロック内で`ContentNegotiation`の拡張関数として定義されている`jackson`を呼び出すことで、Jacksonのフィーチャーが有効になります。

ここではデフォルトの状態で使用しますが、**リスト10.3.3**のようにラムダ式でカスタマイズの処理を記述することもできます。

リスト10.3.3

```
install(ContentNegotiation) {
    jackson {
        // カスタマイズする場合は処理を記述
        // 省略
    }
}
```

注2 https://github.com/FasterXML/jackson

JSONでレスポンスを返却する

GETのパスパラメータでリクエストを受け取り、JSONのオブジェクトをレスポンスで返却するAPIを実装します。**リスト10.3.4**のルーティングとデータクラスを定義します。

リスト10.3.4

```
fun Routing.bookRoute() {
    route("/book") {
        @Location("/detail/{bookId}")
        data class BookLocation(val bookId: Long)
        get<BookLocation> { request ->
            val response = BookResponse(request.bookId, "Kotlin入門", "Kotlin太郎")
            call.respond(response)
        }
    }
}

data class BookResponse(
    val id: Long,
    val title: String,
    val author: String
)
```

レスポンスのオブジェクトとしてBookResponseというデータクラスを使用します。

そしてルーティングのほうでは、BookResponseのインスタンスを生成してcall.respond関数に渡しています。call.respondTextは文字列を返すだけでしたが、call.respondは渡されたオブジェクトをフィーチャーで追加したデシリアライザ（ここではJackson）を使用してデシリアライズし、返却します。

このルーティングをApplication.moduleに追加します（**リスト10.3.5**）。

リスト10.3.5

```
bookRoute()
```

そしてcurlコマンド（**コマンド10.3.6**）、もしくはブラウザからhttp://localhost:8080/book/detail/100を実行すると、データクラスと同じ構造のJSONが返却されます。

コマンド10.3.6

```
$ curl http://localhost:8080/book/detail/100
{"id":100,"title":"Kotlin入門","author":"Kotlin太郎"}
```

JSONでPOSTリクエストを送信する

次はリクエストをJSONで送信する実装です。リクエストパラメータのクラスとして、**リスト10.3.7**のデータクラスを作成します。

リスト10.3.7

```
data class RegisterRequest(
    val id: Long,
    val title: String,
    val author: String
)
```


そして前述のbookRoute（**リスト10.3.4**）のroute("/book")ブロックに、**リスト10.3.8**のルーティングを追加します。

リスト10.3.8

```
post("/register") {
    val request = call.receive<RegisterRequest>()

    // 登録処理
    // 省略

    call.respondText("registered. id=${request.id} title=${request.title} author=${request.author}")
}
```

POSTリクエストを使うため、post関数で定義しています。リクエストの受け取りはcall.receive関数に型パラメータとしてデータクラスを渡します。これでリクエストのJSONオブジェクトをフィーチャーで追加したシリアライザ（ここではJackson）でデータクラスの型にシリアライズした値を、取得することができます。実際はこの中で登録処理などが実装されると思いますが、ここでは割愛します。

コマンド10.3.9のcurlコマンドを実行すると、リクエストで受け取った値を埋め込んだテキストが返却されます。

コマンド10.3.9

```
$ curl -H 'Content-Type:application/json' -X POST -d '{"id":200,"title":"Spring入門","author":"スプ
リング太郎"}' http://localhost:8080/book/register
registered. id=200 title=Spring入門 author=スプリング太郎
```

4 認証機構の実装

最後に、Ktorのフィーチャーを使用して認証機構を実装します。Springでも第7章で紹介したSpring Securityという認証・認可のフレームワークがありましたが、Ktorでも同じようにフィーチャーを追加することで様々な方式の認証を実装することができます。

以下のような方式が使用できますが、今回は一番シンプルなBasic認証での実装を紹介します。

- Basic認証
- Form認証
- Digest認証
- JWT認証・JWK認証
- LDAP認証
- OAuth認証

認証のフィーチャーを追加

まず、build.gradle.ktsのdependenciesに**リスト10.4.1**の依存関係を追加します。

リスト10.4.1

```
implementation("io.ktor:ktor-auth:$ktor_version")
```

そしてApplication.ktのApplication.moduleに**リスト10.4.2**のinstallを追加します。

リスト10.4.2

```
install(Authentication) {
    basic {
        validate { credentials ->
            if (credentials.name == "user" && credentials.password == "password") {
                UserIdPrincipal(credentials.name)
            } else {
                null
            }
        }
    }
}
```

Authenticationを追加し、Basic認証を使用するためbasicを定義します。validateは認証時の検証処理です。ラムダ式でcredentialsという名前で指定しているパラメータは、UserPasswordCredentialというクラスの型で、入力されたユーザー名（name）とパスワード（password）を保持しています。

実際はここでデータベースなどからユーザーの情報を取得し検証処理をすると思いますが、ここでは「user」「password」という固定の文字列と比較して一致すれば認証が通るようにしています。一致した場合はUserIdPrincipalというクラスにnameを設定して返却していますが、こちらは成功後にセッションに保持される認証情報になります。elseで書いているのは通らなかった場合の処理ですが、ここでは何もせずnullを返しています。

認証の対象とするパスをルーティングに追加

認証を通り、セッションの情報を取得する処理は**リスト10.4.3**です。Application.moduleのroutingの中に追加してください。

リスト10.4.3

```
authenticate {
    get("/authenticated") {
        val user = call.authentication.principal<UserIdPrincipal>()
        call.respondText("authenticated id=${user?.name}")
    }
}
```

ルーティングの中で、認証の対象としたいパスはauthenticateのブロック内に定義してください。この中に含まれるパスだけが、前述の認証処理を通ります。

中の処理ではセッション情報の取得をしています。call.authentication.principalに型パラメータとしてセッションに登録している情報の型（ここではUserIdPrincipal）を渡すと、取得できます。これは**リスト10.4.2**で認証成功時に返却していたオブジェクトになります。そして取得したオブジェクトから、nameの値を取得して埋め込んだテキストを返却しています。

ここではrouting内に直接パスを追加しましたが、他のルーティングと同様、別ファイルに切り出してauthenticateから呼び出すことも可能です（**リスト10.4.4**、**リスト10.4.5**）。

リスト10.4.4

```
fun Route.authenticatedUserRoute() {
    get("/authenticated") {
        val user = call.authentication.principal<UserIdPrincipal>()
        call.respondText("authenticated id=${user?.name}")
    }
}
```

リスト10.4.5

```
authenticate {
    authenticatedUserRoute()
}
```

動作確認

Basic認証があるため、ブラウザからアクセスしてテストします。http://localhost:8080/authenticatedへアクセスすると、Basic認証のダイアログが表示されます(**図10.5**)。

図10.5

ユーザー名に「user」、パスワードに「password」と入力し[ログイン]ボタンを押すと、認証が通って「authenticated id=user」というメッセージが画面に表示されます(**図10.6**)。

図10.6

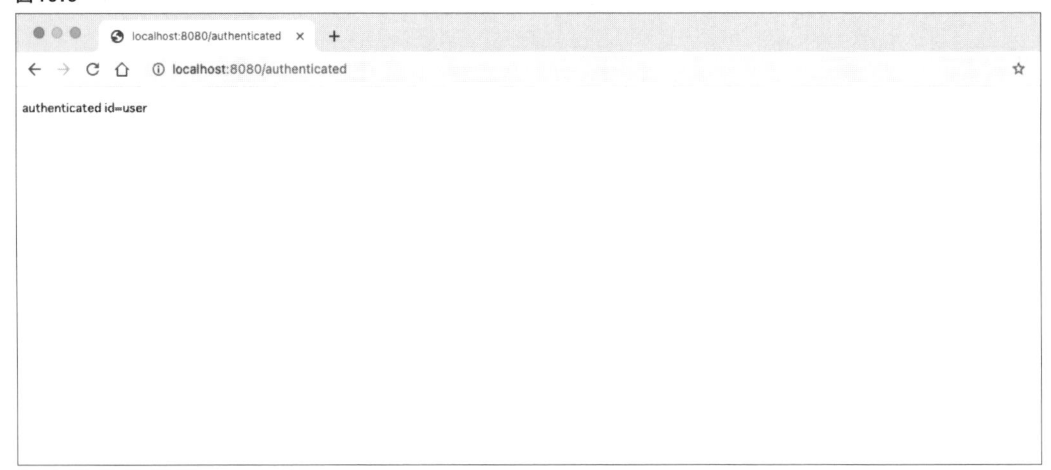

セッション情報の項目を変更

セッション情報について、ここではUserIdPrincipalを使用しましたが、Principalインターフェースを実装したクラスであればなんでも使えます。実際は自前で作成したクラスを使うことがほとんどだと思います。

例えば**リスト10.4.6**のようなデータクラスです。

リスト10.4.6

```
data class MyUserPrincipal(val id: Long, val name: String, val profile: String) : Principal
```

認証が成功したときにデータベースからユーザー情報を取得して値を設定するなど、任意の情報をセッションに保持することができます。

そして**リスト10.4.2**のvalidateブロックの処理を、**リスト10.4.7**のようにMyUserPrincipalを返却するように実装することで、使用できます。

リスト10.4.7

```
validate { credentials ->
    if (credentials.name == "user" && credentials.password == "password") {
        // 認証処理
        // 省略

        MyUserPrincipal(id, name, profile)
    } else {
        null
    }
}
```

第11章 Kotlin製のO/Rマッパー Exposed

第10章ではSpring Bootに代わるWebアプリケーションフレームワークとしてKtorについて解説しましたが、本章ではKtorと同じくJetBrains社が開発しているKotlin製フレームワークである、O/RマッパーのExposedを紹介します。KotlinでO/Rマッパーを使用する際、本書で紹介しているMyBatisも含めJava製のものが使われることが現状は多いです。その中で数少ないKotlin製のものとあって、Kotlinエンジニアの間では前々から知られている存在です。こちらもまだまだ採用事例は少ないですが、サーバーサイド開発に必須なO/Rマッパーの選択肢の一つとなりうるので、覚えておいていただければと思います。

1 Exposedとは？

Exposedは、Kotlinの開発元であるJetBrains社が開発している、Kotlin製のO/Rマッパーです[注1]。SQLライクに実装できるDSL（Domain Specific Language）、軽量なDAO（Data Access Object）という2つのアクセス方法が用意されているのが特徴として語られます。

執筆時点での最新バージョンが0.29.1のため、まだプロトタイプの段階ですが、Ktorと同じくKotlin製のフレームワークとして有名なものの一つです。

2 Exposedの導入

IntelliJ IDEAで任意のGradleプロジェクトを作成し、build.gradle.ktsに設定を追加します。

まず**リスト11.2.1**のようにrepositoriesを変更し、jcenter()を追加します。

リスト11.2.1

```
repositories {
    mavenCentral()
    jcenter()
}
```

注1　https://github.com/JetBrains/Exposed

これは依存関係に設定したライブラリを取得してくる対象のリポジトリを設定しているのですが、本章で追加するExposedに関連するものはこのjcenter()という場所から取得する必要があるため、追加しています。

そしてdependenciesに**リスト11.2.2**の依存関係を追加します。

リスト11.2.2

```
implementation("org.jetbrains.exposed:exposed-core:0.29.1")
implementation("org.jetbrains.exposed:exposed-dao:0.29.1")
implementation("org.jetbrains.exposed:exposed-jdbc:0.29.1")
implementation("mysql:mysql-connector-java:8.0.23")
```

exposed-coreはExposedのベースとなるライブラリ群で、exposed-daoは前述のDAOの実装をする際に必要なライブラリ群、exporsed-jdbcにはデータベースとのコネクション周りに必要なライブラリ群が入っています。また、データベースにはMySQLを使用するため、mysql-connector-javaも追加します。

テスト用テーブルとデータの作成

データベースはMySQLをローカルにインストールして起動するか、第5章、第6章で紹介したDockerで起動して使用してください。そして**コマンド11.2.3**でデータベースを作成、選択し、**リスト11.2.4**のクエリでテーブルを作成してください。

コマンド11.2.3

```
mysql> create database exposed_example;
Query OK, 1 row affected (0.02 sec)
mysql> use exposed_example;
Database changed
```

リスト11.2.4

```
CREATE TABLE member(
  id int NOT NULL AUTO_INCREMENT,
  name varchar(32) NOT NULL,
  PRIMARY KEY (id)
) ENGINE=InnoDB DEFAULT CHARSET=utf8;
```

3 DSLとDAOそれぞれの実装方法

前述のとおり、ExposedにはDSLとDAOという2種類の実装方法が用意されています。

DSLでデータ操作を実装する

まずはDSLの例です。DSLはKotlinのコードの中でクエリを構築するように実装し、SQLを書くのと似たような感覚で記述できる方法になっています。

任意のファイルを作成し、**リスト11.3.1**のように実装します。

リスト11.3.1

```
fun main() {
    Database.connect(
        "jdbc:mysql://127.0.0.1:3306/exposed_example",
        driver = "com.mysql.jdbc.Driver",
        user = "root",
        password = "mysql"
    )                                                    ②

    transaction {
        addLogger(StdOutSqlLogger) ――④

        val id = Member.insert {
            it[name] = "Kotlin"
        } get Member.id
        println("Inserted id: $id")                      ⑤

        val member = Member.select { Member.id eq id }.single()
        println("id: ${member[Member.id]}")
        println("name: ${member[Member.name]}")          ⑥
    }                                                    ③
}

object Member : Table("member") {
    val id = integer("id").autoIncrement()
    val name = varchar("name", 32)
}                                                        ①
```

DAOと共通となる部分もありますが、順番に説明していきます。

Tableオブジェクト

まずTableというクラスを継承し、テーブル構造に応じたプロパティを持ったオブジェクトを作成します（**リスト11.3.2**）。

リスト11.3.2（リスト11.3.1の①を抜粋）

```
object Member : Table("member") {
    val id = integer("id").autoIncrement()
    val name = varchar("name", 32)
}
```

Tableのコンストラクタへ渡している文字列は対象のテーブル名です。

テストデータとして作成したmemberテーブルに対応し、idとnameを保持しています。初期化の値として設定しているのはカラムの情報です。int型のidはinteger、varchar型のnameはvarcharで、それぞれカラム名を引数に渡します（varcharにはカラム長も第2引数として渡します）。idはAUTO_INCREMENTで定義しているため、チェインしてautoIncrement関数を呼び出しています。

このオブジェクトをテーブルへのクエリ実行などで使用していきます。

データベースへの接続

リスト11.3.3のDatabase.connect関数を使用してデータベースへの接続をしています。

リスト11.3.3（リスト11.3.1の②を抜粋）

```
Database.connect(
    "jdbc:mysql://127.0.0.1:3306/exposed_example",
    driver = "com.mysql.jdbc.Driver",
    user = "root",
    password = "mysql"
)
```

引数で渡しているのは次の4つです。

- 接続先データベースのURL
- 使用するドライバーのクラス（ここではMySQLのJDBCドライバー）
- ユーザー名
- パスワード

トランザクションの定義

次にトランザクションの定義です。**リスト11.3.4**のようにtransaction {}のブロックで括られた単位で、トランザクションが発生します。

リスト11.3.4（リスト11.3.1の③のブロック）

```
transaction {
    // 省略
}
```

この中でクエリの処理を実装していきます。

標準ログ出力の有効化

リスト11.3.5のaddLogger関数は必要なログ出力を有効化します。

リスト11.3.5（リスト11.3.1の④を抜粋）

```
addLogger(StdOutSqlLogger)
```

ここではStdOutSqlLoggerのオブジェクトを渡し、標準ログ出力を追加しています。追加された出力先に対し、Exposedで実行したクエリのログが出力されるようになります。

必須ではありませんが、実行時の説明のために有効化しました。

INSERT文の実行

リスト11.3.6で、INSERT文のクエリを実行しています。

リスト11.3.6（リスト11.3.1の⑤を抜粋）

```
val id = Member.insert {
    it[name] = "Kotlin"
} get Member.id
println("Inserted id: $id")
```

前述のTableクラスを継承したオブジェクトには、対応するテーブルへの各種クエリを発行する関数が用意されています。ここではinsert関数を実行し、ラムダ式で登録する値を設定します。ラムダ式はTableのオブジェクト（ここではMember）を取り、[]にカラムのプロパティを指定することで設定したいカラムを指定できます。idはAUTO_INCREMENTのため、省略できます。

そして`get カラムのプロパティ`と記述することで、登録結果から指定のカラムの値を取得できます。ここではidを指定しているため、登録時にAUTO_INCREMENTで自動採番されたidの値を取得し、出力しています。

SELECT文の実行

リスト11.3.7で、SELECT文を実行しています。

リスト11.3.7（リスト11.3.1の⑥を抜粋）

```
val member = Member.select { Member.id eq id }.single()
println("id: ${member[Member.id]}")
println("name: ${member[Member.name]}")
```

select関数を呼び出し、ラムダ式の中でTableクラスのカラムを使用して検索条件（SQLのWHERE句に当たる部分）を記述します。ここでは主キーであるidに、前述のinsertの結果として取得したidを指定しています。singleはクエリの単一の結果セットを取得します（複数レコード存在した場合はエラーになります）。

そして結果はResultRowというクラスの型で取得され、member[Member.id]とMapのような形式でTableオブジェクトのプロパティをkeyに渡すと、そのプロパティに対応するカラムの値が取得できます。

動作確認

IntelliJ IDEAで、main関数を実行します。

実行結果として、**リスト11.3.8**のような内容がコンソールに表示されます。

リスト11.3.8

```
SQL: INSERT INTO `member` (`name`) VALUES ('Kotlin')
Inserted id: 1
SQL: SELECT `member`.id, `member`.`name` FROM `member` WHERE `member`.id = 1
id: 1
name: Kotlin
```

SQL:の後ろに出力されているクエリが、前述のaddLogger関数で有効化した標準出力の内容です。Exposedから実行されたINSERT文、SELECT文がそれぞれ出力されています。そしてINSERT文の後ろには登録時に生成されたidが、SELECT文の後ろには取得したレコードの各カラムの値を出力しています。

以上でDSLでの実装ができました。このようにinsertやselectといったSQLのキーワードが関数名になっていたり、WHERE句を書くようにラムダ式で条件を指定したりと、SQLのような感覚で直感的に実装することができます。

DAOでデータ操作を実装する

次はDAOでの実装を紹介します。DAOはDSLとは違い、SQLの生成などがラッピングされた関数を使用し、データベース操作を行えるアクセス方法です。

実装は**リスト11.3.9**のようになります。

リスト11.3.9

```
fun main() {
    Database.connect(
        "jdbc:mysql://127.0.0.1:3306/exposed_example",
        driver = "com.mysql.jdbc.Driver",
        user = "root",
        password = "mysql"
```

```
    )

    transaction {
        addLogger(StdOutSqlLogger)

        val member = MemberEntity.new {
            name = "Kotlin"
        }                                                  ②
        println("Inserted id: ${member.id}")

        MemberEntity.findById(member.id)?.let {
            println("id: ${it.id}")
            println("name: ${it.name}")                    ③
        }
    }
}

object MemberTable : IntIdTable("member") {
    val name = varchar("name", 32)
}

class MemberEntity(id: EntityID<Int>) : IntEntity(id) {            ①
    companion object : IntEntityClass<MemberEntity>(MemberTable)

    var name by MemberTable.name
}
```

DSLと共通の部分は割愛し、差分のある箇所を説明していきます。

Tableオブジェクトと Entityクラス

DAOではTableオブジェクトに加え、Entityクラスを作成します（**リスト11.3.10**）。

リスト11.3.10（リスト11.3.9の①を抜粋）

```
object MemberTable : IntIdTable("member") {
    val name = varchar("name", 32)
}

class MemberEntity(id: EntityID<Int>) : IntEntity(id) {
    companion object : IntEntityClass<MemberEntity>(MemberTable)

    var name by MemberTable.name
}
```

Entityは前述の「SQLの生成などがラッピングされた関数」を持っていて、Entityクラスを継承します。ここで継承しているIntEntityクラスはEntityの子クラスで、int型の主キーを持つテーブルで使用します。

併せてTableオブジェクトのほうでも、Tableクラスの子クラスであるIntIdTableを継承しています。

フィールドとしてはIntEntityClassにこのEntityクラスを型パラメータ、Tableクラスをコンストラクタの引数に渡して定義します。

また、主キーのid以外のカラム（ここではname）のフィールドも追加します。このフィールドは、Tableクラスの対応するカラムのフィールドにデリゲートします。

INSERT文の実行

INSERT文の実行は、**リスト11.3.11**のように実装します。

リスト11.3.11（リスト11.3.9の②を抜粋）

```
val member = MemberEntity.new {
    name = "Kotlin"
}
println("Inserted id: ${member.id}")
```

Entityクラスのnew関数を使用します。new関数はラムダ式でEntityクラスを取り、フィールドに値を代入することで登録するカラムのデータを指定できます。ここでもidはAUTO_INCREMENTのため、省略しています。

そして戻り値として登録後の値が設定されたEntityクラスが返ってくるため、idの値を取得して出力しています。

SELECT文の実行

SELECT文の実行は、**リスト11.3.12**のように実装します。

リスト11.3.12（リスト11.3.9の③を抜粋）

```
MemberEntity.findById(member.id)?.let {
    println("id: ${it.id}")
    println("name: ${it.name}")
}
```

Entityクラスで主キー検索する場合はfindByIdという関数が用意されていて、これに引数で主キーの値を渡すだけで取得できます。そしてNull許容のEntityクラスが返ってくるため、安全呼び出しとletで各カラムの値を出力しています。

DSLのselect関数と違って、主キー検索のための関数として用意されていて、シンプルに実装できるのがわかります。

動作確認

こちらも動作確認はmain関数を実行すればできます。**リスト11.3.13**のような内容がコンソールに出力されていれば成功です。

リスト11.3.13

```
SQL: INSERT INTO `member` (`name`) VALUES ('Kotlin')
Inserted id: 1
id: 1
name: Kotlin
```

4 DAOでCRUDを作成する

第3節ではDSLとDAOそれぞれの基本的な実装方法を紹介しましたが、ここからはDAOを使用してCRUDを作成していきます。**リスト11.4.1**のクエリを実行し、テストデータを登録してください。

リスト11.4.1

```
INSERT INTO member(name) VALUES('Ichiro'), ('Jiro'), ('Saburo');
```

idの値はAUTO_INCREMENTに任せているため、登録前にデータが入っている場合はこの後のサンプルの実行結果とは違う値になります。もし同じ実行結果で確認したい場合は、一度memberテーブルのデータをTRUNCATE文で削除してから、**リスト11.4.1**のINSERT文を実行してください。

次に任意のファイルを作成し、**リスト11.4.2**の関数を実装してください。

リスト11.4.2

```
fun createSessionFactory() {
    Database.connect(
        url = "jdbc:mysql://127.0.0.1:3306/exposed_example",
        driver = "com.mysql.jdbc.Driver",
        user = "root",
        password = "mysql"
    )
}
```

データベースへのコネクションを確立する処理を、関数化しました。この後紹介するCRUDのサンプルでも、こちらを呼び出します。また、**リスト11.4.3**のデータクラスを作成します。

リスト11.4.3

```
data class MemberModel(val id: Int, val name: String) {
    constructor(entity: MemberEntity) : this(entity.id.value, entity.name)
}
```

出力結果をわかりやすくするため、Entityクラスを渡すコンストラクタを定義し、テーブル構造と同様のプロパティを持ったデータクラスに変換できるようにしてあります。

Selectの実装方法

全件検索

全件検索は、**リスト11.4.4**のように実装します。

リスト11.4.4

```
createSessionFactory()
transaction {
    val list = MemberEntity.all().map { MemberModel(it) }
    list.forEach {
        println(it)
    }
}
```

> 実行結果

```
MemberModel(id=1, name=Ichiro)
MemberModel(id=2, name=Jiro)
MemberModel(id=3, name=Saburo)
```

前述のcreateSessionFactory関数を使用してデータベースに接続し、all関数で実行します。結果はEntityクラスのSizedIterableというIterableの型で返却されるため、mapでMemberModelのListへ変換し、出力しています。

主キー検索

主キー検索は第3節で説明していますが、本節での実装のサンプルは**リスト11.4.5**になります。

リスト11.4.5

```
createSessionFactory()
transaction {
    val entity = MemberEntity.findById(2)
    entity?.let { println(MemberModel(it)) }
}
```

> 実行結果

```
MemberModel(id=2, name=Jiro)
```

findByIdで取得したEntityクラスに対して、安全呼び出しとletでMemberModelに変換して出力しています。

主キー以外での検索

主キー以外のカラムを検索条件にする場合は、**リスト11.4.6**のようにfind関数を使用します。

リスト11.4.6

```
createSessionFactory()
transaction {
    val entity = MemberEntity.find { MemberTable.name eq "Saburo" }.map { MemberModel(it) }
    entity?.let { println(it) }
}
```

> 実行結果

```
[MemberModel(id=3, name=Saburo)]
```

DSLのselect関数と同じような形で、Tableクラスのプロパティを使用してWHERE句の値を指定します。主キー検索ではないため、all関数と同じくSizedIterable型の値が返却されるので、mapでMemberModelのListに変換して出力しています。

UNIQUEキー制約がある場合など一意にレコードを取得できる場合は、first、firstOrNullといったコレクションライブラリの関数を使用して取り出すことも可能です。

Insertの実装方法

登録も第3節で紹介していますが、本節でのサンプルは**リスト11.4.7**になります。

リスト11.4.7

```
createSessionFactory()
transaction {
    val entity = MemberEntity.new {
        name = "Shiro"
    }
    println(MemberModel(entity))
}
```

> 実行結果

```
MemberModel(id=4, name=Shiro)
```

new関数で登録し、結果をMemberModelに変換して出力しています。

Updateの実装方法

更新は**リスト11.4.8**のように実装します。

リスト11.4.8

```
createSessionFactory()
transaction {
    val entity = MemberEntity.findById(4)
    entity?.let { it.name = "Yonro" }
}
```

更新対象のレコードを検索し、取得した結果のEntityクラスでプロパティの値を更新すると、データが更新されます。

コマンド11.4.9のSQLで検索すると、idが4のレコードのnameが「Yonro」に更新されています。

コマンド11.4.9

```
mysql> SELECT * FROM member WHERE id = 4;
+----+-------+
| id | name  |
+----+-------+
|  4 | Yonro |
+----+-------+
```

Deleteの実装方法

最後は削除です。**リスト11.4.10**のように実装します。

リスト11.4.10

```
createSessionFactory()
transaction {
    val entity = MemberEntity.findById(4)
    entity?.let { it.delete() }
}
```

更新対象のレコードを検索し、取得した結果のEntityクラスのdelete関数を実行するとそのレコードが削除されます。

こちらも再び**リスト11.4.9**のSQLで検索すると、idが4のレコードが消えていることがわかります（**コマンド11.4.11**）。

コマンド11.4.11

```
mysql> SELECT * FROM member WHERE id = 4;
Empty set (0.00 sec)
```

第12章 Kotlin製のテスティングフレームワークKotest、MockK

最後に紹介するのは、Kotlin製のテスティングフレームワークであるKotest、そして併せて使用するモックライブラリのMockKです。Kotlinの単体テストではJUnitを使用されることがまだまだ多いのですが、Kotlin製のテスティングフレームワークもいくつか存在します。その中でもKotestは開発が活発に行われており、多機能になっていてかなり使い勝手のいいものになっています。筆者も実際のプロダクトで使用してとても良かったと感じているフレームワークなので、ぜひその魅力を感じていただければと思います。

1 Kotestとは？

Kotest[注1]はKotlin製のテスティングフレームワークで、Kotlinで単体テストを柔軟に実装するための様々な機能が提供されています。以前はKotlinTestという名前でしたが、バージョン4.0からKotestへ変更されました。

様々なコーディングスタイルをサポート

Specという以下の10種類のコーディングスタイルが用意されており、様々な書き方がサポートされていることが一つの特徴として挙げられます。

- Fun Spec
- Describe Spec
- Should Spec
- String Spec
- Behavior Spec
- Free Spec
- Word Spec
- Feature Spec

注1　https://kotest.io/

- Expect Spec
- Annotation Spec

それぞれのSpecについては公式サイト[注2]に詳しく書かれているのですが、例えばFun SpecはScalaTest、Annotation SpecはJUnitと、他言語のテスティングフレームワークからインスパイアされた構文になっているものも多くあります。またString SpecやShould Specのように、Kotestでオリジナルの思想で作られた構文のものもあります。そのためプロジェクトの方針やテストの内容によってメリットの多いものを使ったり、他言語で実装者の慣れている構文のSpecを使ったりと、状況に応じて選択できます。

詳しくは後述しますが、テストコードで継承するクラスを変更することで、それぞれのコーディングスタイルを使用することができます。

2 Kotestの導入

プロジェクトの作成とbuild.gradle.ktsの書き換え

IntelliJ IDEAで任意のプロジェクトを作成し、build.gradle.ktsの`dependencies`に**リスト12.2.1**の依存関係を追加してください。

リスト12.2.1

```
testImplementation("io.kotest:kotest-runner-junit5-jvm:4.4.3")
```

Kotestは、テストのRunnerとしてはJUnitを使用しています。この`kotest-runner-junit5-jvm`を追加することによりJUnit 5のRunnerで、Kotestで実装したテストの実行ができるようになります。

また、`tasks.test`のブロックを**リスト12.2.2**のように変更してください（もしない場合は追加してください）。

リスト12.2.2

```
tasks.test {
    useJUnitPlatform()
}
```

こちらもテストのRunnerとしてJUnitを使用するため、必要な設定になります。

注2　https://kotest.io/docs/framework/testing-styles.html

Kotestプラグインのインストール

IntelliJ IDEAにKotestプラグインをインストールします。これはIDE上でKotestのテストコードを実行する際に必要になります。環境設定からPluginsを選択して、Marketplaceタブで「Kotest」と検索し、表示されたKotestプラグインをインストールします（**図12.1**）。

図12.1

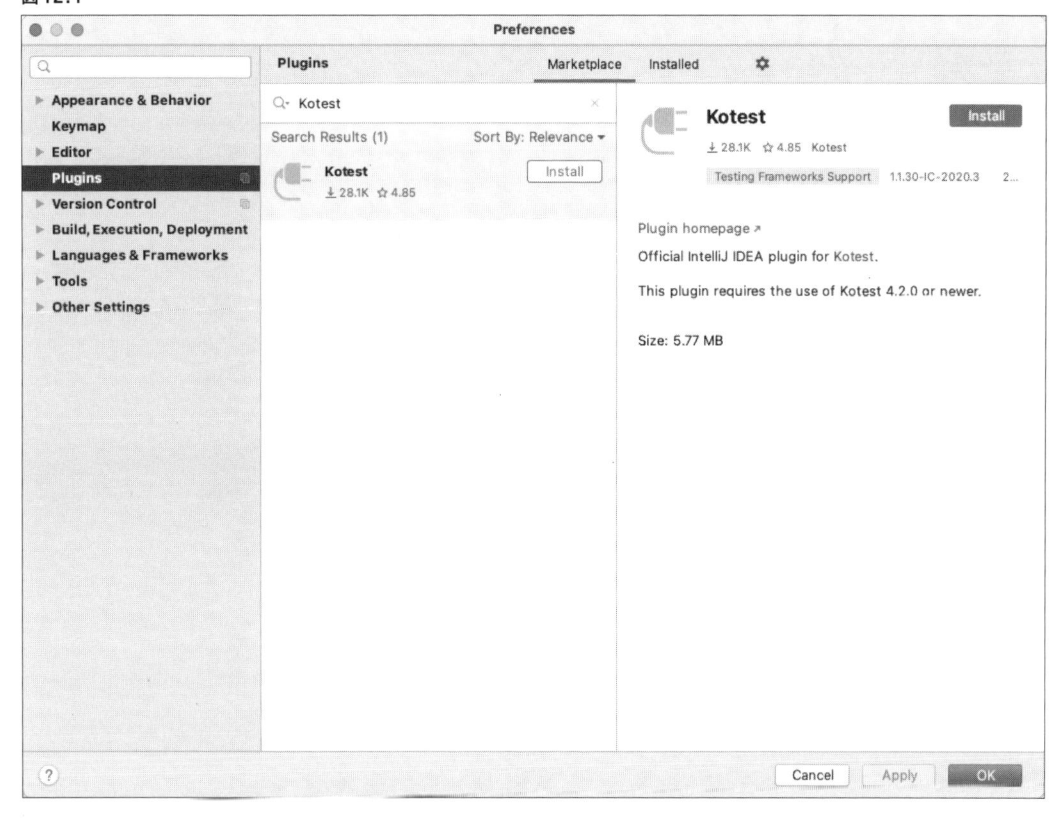

インストールが完了したら、IntelliJ IDEAを再起動します。

3 いくつかのコーディングスタイル（Spec）で単体テストを書く

前述の10種類のSpecからいくつかピックアップし、Kotestでの単体テストの実装を紹介します。

事前準備

テスト対象のコードを作成

まず、テスト対象のコードを作成します。src/main/kotlin配下に**リスト12.3.1**のデータクラスを作成してください。

リスト12.3.1

```
data class Number(val value: Int) {
    fun isOdd(): Boolean {
        return value % 2 == 1
    }

    fun isRange(min: Int, max: Int): Boolean {
        return value in min..max
    }
}
```

Int型の値をプロパティとして持ち、奇数であるかを判定する`isOdd`関数と、指定の数値の範囲内に収まる数値かを判定する`isRange`関数が用意されています。

最もシンプルな構文のString Spec

まずは最もシンプルな構文で実装できる、String Specでの書き方を紹介します。src/test/kotlin配下に**リスト12.3.2**のクラスを作成してください。もし`Number`クラスを、src/main/kotlin配下にパッケージを作成して配置している場合は、同様のパッケージをsrc/test/kotlin配下にも作成し、その下に`NumberTestByStringSpec`クラスを作成してください。

リスト12.3.2

```
class NumberTestByStringSpec : StringSpec() {
    init {
        "isOdd:: when value is odd number then return true" {
            val number = Number(1)
            number.isOdd() shouldBe true
        }
    }
```

```
}
```

StringSpecというクラスを継承することで、String Specでの実装が可能になります。initブロックの中にテストコードを実装することで、テスト対象として扱われます。

テストコードの書き方はシンプルで、文字列でテストケースの説明を記述し、{}で括ったブロックの中でテストの処理を記述します。Numberオブジェクトに奇数である1を設定し、isOddを実行してtrueが返ってくることを検証しています。

shouldBeは、Kotestに含まれる検証用ライブラリです。英文のような形でスペース区切りで結果と期待値をつなげて書くことができるので、直感的にわかりやすい構文になっています。**リスト12.3.3**のように通常の関数呼び出しとして書くことも可能です。

リスト12.3.3

```
number.isOdd().shouldBe(true)
```

同様にfalseの場合（偶数の場合）のテストケースは**リスト12.3.4**のように書きます。

リスト12.3.4

```
"isOdd:: when value is even number then return false" {
    val number = Number(2)
    number.isOdd() shouldBe false
}
```

テスト実行

テストの実行は、**図12.2**のようにクラス定義の横に表示されている三角形のアイコンを押下し、「Run 'NumberTestByStringSpec'」を選択します。

図12.2

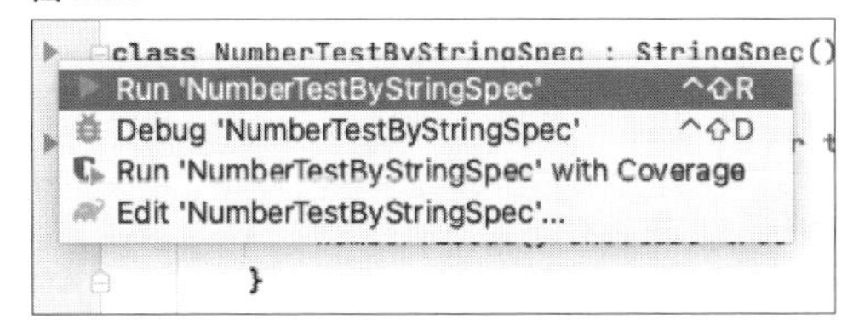

するとRunビューに**図12.3**のようにテスト結果が表示されます。

図12.3

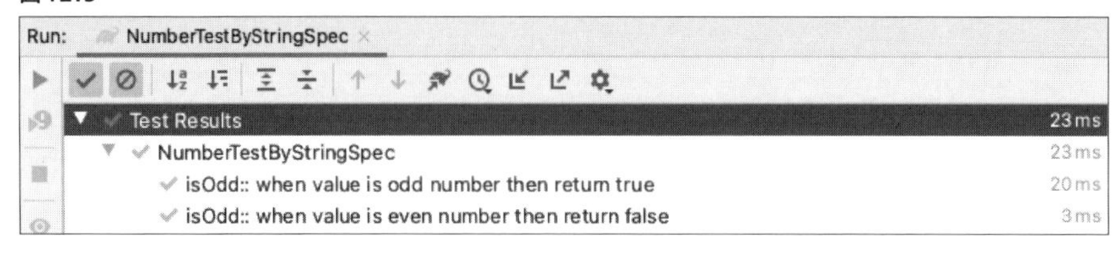

結果がグリーンになっていれば成功です。

もし「TestResults」以外の行が表示されていない場合は、テスト結果の左上にあるチェックマークのボタンを押下し、有効にしてください。こちらが非活性になっていると、正常終了したテストケースの結果が表示されなくなります。

BDDフレームワークのように使えるBehavior Spec

Behavior Specは名前のとおり、Behavior（振る舞い）を定義するようにテストケースを記述するスタイルです。BDD（Behavior Driven Development、振る舞い駆動開発）フレームワークのように使うこともできます。**リスト12.3.5**のように実装します。

リスト12.3.5

```
class NumberTestByBehaviorSpec : BehaviorSpec() {
    init {
        given("isOdd") {
            `when`("num is odd number") {
                val number = Number(1)
                then("return true") {
                    number.isOdd() shouldBe true
                }
            }

            `when`("num is even number") {
                val number = Number(2)
                then("return false") {
                    number.isOdd() shouldBe false
                }
            }
        }
    }
}
```

BehaviorSpecクラスを継承します。

テストケースはgiven、when、thenという3つのキーワードを使い、階層構造で記述できます。それぞれのブロックは次のような内容を記述します。

- given……対象（関数名など）
- when……条件（xxxの場合）
- then……結果（戻り値など）

このように定義することでテストケースが読みやすくなったり、実装者による書き方の差分が生まれにくくなることもメリットです。

whenがバッククォートで括られているのは、Kotlinの予約語として存在するので、判別するためです。もしこれを避けたい場合は、タイトルケース（頭文字を大文字）にして定義することもできます（**リスト12.3.6**）。

リスト12.3.6

```
When("num is odd number")
```

テスト結果も階層構造になる

Behavior Specを使用した場合は、テストの実行結果も**図12.4**のように階層構造で表示されます。

図12.4

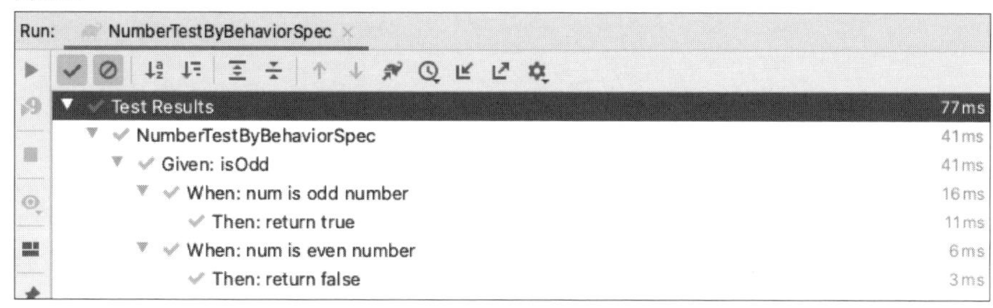

こちらもコードの階層構造と同様になり、見やすくなります。

JUnitライクに書けるAnnotation Spec

Annotation Specは@Testアノテーションを使用し、JUnitと同じような方法で記述することができるスタイルです。**リスト12.3.7**のように実装します。

リスト12.3.7

```
class NumberTestByAnnotationSpec : AnnotationSpec() {
    @Test
    fun `isOdd when value is odd number then return true`() {
        val number = Number(1)
        number.isOdd() shouldBe true
```

```
    }

    @Test
    fun `isOdd when value is even number then return false`() {
        val number = Number(2)
        number.isOdd() shouldBe false
    }
}
```

AnnotationSpecクラスを継承します。

テストケースの定義は関数として実装し、@Testのアノテーションを付与することでできます。検証処理はKotestのライブラリを使っていますが、それ以外はほぼJUnitと同様のコードになります。JUnitに慣れていて、なるべく同じ実装方法でKotestを使用したい場合に有効です。

4 データ駆動テストを使う

Kotestには強力な機能の一つとして、データ駆動テストがあります。これは様々なテストデータの組み合わせをパラメータとして渡して実行することができる機能で、テストのコード量を減らしシンプルに記述ができます。

forAllを使用して複数のパラメータをテストする

前述のString Specの説明時に使用したNumberTestByStringSpecに、**リスト12.4.1**のテストケースを追加してください。

リスト12.4.1

```
"isRange:: when value in range then return true" {
    forAll(
        table(
            headers("value"),
            row(1),
            row(10)
        )
    ) { value ->
        val number = Number(value)
        number.isRange(1, 10) shouldBe true
    }
}
```

forAllの引数に複数種類のパラメータを渡すことで、それぞれのパラメータでテストケースを実行してくれます。パラメータはtableとrowを使用して渡し、ラムダ式で参照する変数名を定義します。

この例では1、10といういずれも結果がtrueになる2種類のパラメータでそれぞれ実行し、valueという名前で参照してNumberに設定し、isRangeを検証しています。このように同じ結果を得るテストケースで、境界値の上限、下限をテストしたい場合などにデータ駆動テストはとても便利です。

headersで渡しているのはrowの各データに対する名前で、ここではvalueという名前を付与しています。テストの失敗時、**リスト12.4.2**のようにどの値のパターンのときに失敗したのかを表示する際に、使用されます。この例ではvalueが1のとき、trueが期待されているがfalseが返却されたことを表しています。

リスト12.4.2

```
Test failed for (value, 1) with error expected:<true> but was:<false>
```

同様にfalseを返す場合（範囲外の数値をパラメータに渡す場合）も**リスト12.4.3**のように実装できます。

リスト12.4.3

```
"isRange:: when value not in range then return false" {
    forAll(
        table(
            headers("value"),
            row(0),
            row(11)
        )
    ) { value ->
        val number = Number(value)
        number.isRange(1, 10) shouldBe false
    }
}
```

もし通常のテストで書いた場合、**リスト12.4.1**は**リスト12.4.4**のように2つのテストコードに分かれ冗長なコードを書く必要もあるため、テストコードの簡略化にもつながります。

リスト12.4.4

```
"isRange:: when value is minimum then return true" {
    val number = Number(1)
    number.isRange(1, 10) shouldBe true
}

"isRange:: when value is maximum then return true" {
    val number = Number(10)
    number.isRange(1, 10) shouldBe true
}
```

また、ここでは数値を1つ渡しているだけでしたが、**リスト12.4.5**のようにして1つのパラメータのセットに複数の値を設定することも可能です。

リスト12.4.5

```
forAll(
    table(
        headers("value", "description"),
        row(1, "Minimum"),
        row(10, "Maximum")
    )
) { value, description ->
    // 省略
```

5　MockKを使用してモック化する

最後にMockKを使用してのモック化を紹介します。MockKはKotlin製のモックライブラリです。

事前準備

テスト対象のコードを作成

テスト対象となるコードを作成します。src/main/kotlin配下に**リスト12.5.1**、**リスト12.5.2**のクラスを作成してください。

リスト12.5.1

```
class UserService(private val userRepository: UserRepository) {
    fun createMessage(id: Int): String? {
        if (id < 0) return null ──②
        return userRepository.findName(id)?.let { "Hello $it" } ──①
    }
}
```

リスト12.5.2

```
class UserRepository {
    fun findName(id: Int): String? {
        // Dummy logic
        return "Kotlin"
    }
}
```

UserServiceはコンストラクタによりUserRepositoryを受け取ります。createMessage関数はidを引数に取り、正数値だった場合にUserRepositoryのfindName関数を実行する処理になっています。findName関数は「Kotlin」という文字列を返すだけのダミーの処理です。

ここではUserRepositoryをモック化し、UserServiceの関数をテストするコードを紹介します。

build.gradle.ktsに依存関係の追加

build.gradle.ktsのdependenciesに、**リスト12.5.3**の依存関係を追加してください。

リスト12.5.3

```
testImplementation("io.mockk:mockk:1.10.6")
```

テストコードの実装

MockKを使用したテストコードの実装を紹介していきます。src/test/kotlin配下に**リスト12.5.4**のテストクラスを作成してください。

リスト12.5.4

```
class UserServiceTest : StringSpec() {
    init {
        "createMessage:: when user name is exist then return message" {
            val userRepository = mockk<UserRepository>()   ┐ ①
            val target = UserService(userRepository)        ┘

            val id = 100

            every { userRepository.findName(any()) } returns "Kotest" ── ②

            val result = target.createMessage(id)   ┐
                                                    │ ③
            result shouldBe "Hello Kotest"          ┘
            verify { userRepository.findName(id) } ── ④
        }
    }
}
```

モック化したUserRepositoryをコンストラクタに渡してUserServiceのインスタンスを生成し、テストしています。ポイントを順に説明していきます。

モックオブジェクトの生成

まず、**リスト12.5.5**の部分でモックオブジェクトを生成し、テスト対象のクラス（UserService）のインスタンス生成時にコンストラクタで渡しています。

リスト12.5.5（リスト12.5.4の①を抜粋）

```
val userRepository = mockk<UserRepository>()
val target = UserService(userRepository)
```

mockkという関数に型パラメータで対象の型を渡すことで、その型のモックオブジェクトが生成されます。そしてUserServiceにコンストラクタで渡してインスタンスを生成することで、このインスタンスの処理内ではUserRepositoryの処理がモックオブジェクトで呼び出されるようになります。

モックオブジェクトの関数の挙動を定義

リスト12.5.6で、モックオブジェクトのfindNameの挙動を定義しています。

リスト12.5.6（リスト12.5.4の②を抜粋）

```
every { userRepository.findName(any()) } returns "Kotest"
```

everyのブロック内で呼び出しの定義を書き、returnsの後ろで戻り値を書きます。everyの定義で書いたものと同じ値が引数でfindName関数が実行されたとき、returnsの後ろで定義した値が返却されるという意味になります。

ここではany()という関数の結果を引数として渡していますが、これはMockKで用意された関数で、すべての値に対しての戻り値を定義できます。つまり、このモックオブジェクトを使用した処理内では、どの値を引数として渡してもfindName関数は必ず「Kotest」の文字列を返却するようになります。

リスト12.5.7のように2行記述し、100が渡された場合は「Kotest」、200が渡された場合は「MockK」を返却するように定義することもできます。

リスト12.5.7

```
every { userRepository.findName(100) } returns "Kotest"
every { userRepository.findName(200) } returns "MockK"
```

戻り値の検証

createMessage関数はfindName関数が返した値を埋め込んだメッセージを返却する処理になっています。前述のとおりモックオブジェクトでfindName関数が常に「Kotest」を返却するようになっているため、「Hello Kotest」の文字列が返ってくる検証になります（**リスト12.5.8**）。

リスト12.5.8（リスト12.5.4の③を抜粋）

```
val result = target.createMessage(id)

result shouldBe "Hello Kotest"
```

モックオブジェクトの関数呼び出しの検証

モックオブジェクトのfindName関数が呼ばれていることの検証をします。**リスト12.5.9**のようにverify関数を使用します。

リスト12.5.9（リスト12.5.4の④を抜粋）

```
verify { userRepository.findName(id) }
```

これは変数idの値（ここでは100）を渡してfindName関数が実行されたことを検証しています。もし何らかの原因で呼ばれていなかった場合や、他の値が引数として渡されていた場合は、失敗します。

モックの挙動を変更したパターン

リスト12.5.4のテストクラスに、モックの挙動を変更した**リスト12.5.10**のテストケースを追加してください。

リスト12.5.10

```
"createMessage:: when user name is not exist then return null" {
    val userRepository = mockk<UserRepository>()
    val target = UserService(userRepository)

    val id = 100

    every { userRepository.findName(any()) } returns null

    val result = target.createMessage(id)

    result shouldBe null
    verify { userRepository.findName(id) }
}
```

今度はfindName関数がnullを返すように定義しています。createMessage関数はfindName関数の結果がnullだった場合、安全呼び出しでnullを返却する処理になっているため（**リスト12.5.11**）、実行結果もnullで検証しています。

リスト12.5.11（リスト12.5.1の①を抜粋）

```
return userRepository.findName(id)?.let { "Hello $it" }
```

モックオブジェクトの関数が呼ばれなかったことを検証する

最後にモックオブジェクトの関数が呼ばれなかったことを検証する方法です。UserServiceTestクラスに**リスト12.5.12**のテストケースを追加してください。

リスト12.5.12

```
"createMessage:: when id less than 0 then return null" {
    val userRepository = mockk<UserRepository>()
    val target = UserService(userRepository)

    val id = -1

    every { userRepository.findName(any()) } returns null

    val result = target.createMessage(id)

    result shouldBe null
    verify(exactly = 0) { userRepository.findName(any()) } ──①
}
```

idに負数（-1）を渡して実行するパターンです。createMessage関数は引数で負数を受け取った場合はその時点でnullを返す処理になっており（**リスト12.5.13**）、findName関数は実行されません。そのため「呼ばれていない」ことの検証が必要です。

リスト12.5.13（リスト12.5.1の②を抜粋）

```
if (id < 0) return null
```

verifyはexactlyという引数を使い、後ろの{}内で指定する関数の呼び出される回数を指定できます。指定しない場合はデフォルトで-1が渡され、1回以上呼ばれれば成功という設定になります。

ここでは「呼ばれていない」ことの検証のため、0を指定しています（**リスト12.5.14**）。これでfindName関数が呼ばれなければ成功し、呼ばれた場合はこのテストが失敗します。

リスト12.5.14（リスト12.5.12の①を抜粋）

```
verify(exactly = 0) { userRepository.findName(any()) }
```

本書の例では0回、もしくは1回の呼び出しだけでしたが、1つの処理の中で複数回呼ばれるようなパターンがあれば2以上の数値を指定することも可能です。

索引

記号

@

A

B

C

D

E

F

G

H

I

J

K

L

M

N

O

P

R

S

T

U

V

著者プロフィール

竹端 尚人（たけはた なおと）

SES でいくつかの SIer や Web 系ベンチャー企業での開発を経験した後、2014 年に株式会社サイバーエージェントのグループ会社である株式会社アプリボットに入社。そこでサーバーサイド Kotlin でのプロダクト開発、運用に携わる。現在はフリーランスエンジニアとして活動。また、勉強会の開催などを中心に活動する、Kotlin 好きが集うコミュニティ「Kotlin 愛好会」に運営メンバーとして携わる。
モバイルゲーム開発の経験を多く持ち、Kotlin や Java でのサーバーサイド開発を得意とする。過去にサーバーサイド Kotlin についての内容で、国内最大級のゲーム開発者向けカンファレンスである「CEDEC」での登壇（2018、2019）、雑誌 Software Design で短期連載の執筆（2019 年２月号〜４月号）などを行っている。

Twitter：@n_takehata
ブログ：https://blog.takehata-engineer.com/

装丁●トップスタジオデザイン室（徳田 久美）
本文設計●トップスタジオデザイン室（徳田 久美）
DTP●株式会社トップスタジオ（和泉 響子）
担当●菊池 猛

Kotlin サーバーサイドプログラミング 実践開発

2021 年 4 月 27 日　初版　第 1 刷発行

著　者　竹端 尚人
発行者　片岡　巌
発行所　株式会社技術評論社
東京都新宿区市谷左内町 21-13
電話　03-3513-6150　販売促進部
03-3513-6175　雑誌編集部
印刷／製本　昭和情報プロセス株式会社

定価はカバーに表示してあります。

ISBN978-4-297-11859-4 C3055
Printed in Japan

■お問い合わせについて

本書の内容に関するご質問につきましては、下記の宛先まで FAX または書面にてお送りいただくか、弊社ホームページの該当書籍コーナーからお願いいたします。お電話によるご質問、および本書に記載されている内容以外のご質問には、一切お答えできません。あらかじめご了承ください。

また、ご質問の際には「書籍名」と「該当ページ番号」、「お客様のパソコンなどの動作環境」、「お名前とご連絡先」を明記してください。

【宛先】
〒 162-0846
東京都新宿区市谷左内町 21-13
株式会社技術評論社　雑誌編集部
「Kotlin サーバーサイドプログラミング実践開発」質問係
FAX：03-3267-2269

【技術評論社 Web サイト】
https://gihyo.jp/book

お送りいただきましたご質問には、できる限り迅速にお答えするよう努力しておりますが、ご質問の内容によってはお答えするまでに、お時間をいただくこともございます。回答の期日をご指定いただいても、ご希望にお応えできかねる場合もありますので、あらかじめご了承ください。

なお、ご質問の際に記載いただいた個人情報は質問の返答以外の目的には使用いたしません。また、質問の返答後は速やかに破棄いたします。